本书获得国家自然科学基金（No.12104130）、河南省和国家基金委联合基金（No.U20041103）的支持。

典型Zintl相材料热电理论

闫玉丽　冯真真　张光彪　著

科学技术文献出版社
SCIENTIFIC AND TECHNICAL DOCUMENTATION PRESS
·北京·

图书在版编目（CIP）数据

典型Zintl相材料热电理论 / 闫玉丽，冯真真，张光彪著. —北京：科学技术文献出版社，2022.8（2023.7重印）

ISBN 978-7-5189-8313-1

Ⅰ.①典…　Ⅱ.①闫…　②冯…　③张…　Ⅲ.①电热合金—热电晶体　Ⅳ.① TG132.2

中国版本图书馆 CIP 数据核字（2021）第 180984 号

典型Zintl相材料热电理论

策划编辑：张　丹　　责任编辑：李　鑫　　责任校对：张永霞　　责任出版：张志平

出　版　者	科学技术文献出版社	
地　　　址	北京市复兴路15号　邮编　100038	
编　务　部	（010）58882938，58882087（传真）	
发　行　部	（010）58882868，58882870（传真）	
邮　购　部	（010）58882873	
官 方 网 址	www.stdp.com.cn	
发　行　者	科学技术文献出版社发行　全国各地新华书店经销	
印　刷　者	北京虎彩文化传播有限公司	
版　　　次	2022 年 8 月第 1 版　2023 年 7 月第 2 次印刷	
开　　　本	710×1000　1/16	
字　　　数	177千	
印　　　张	11.25　彩插22面	
书　　　号	ISBN 978-7-5189-8313-1	
定　　　价	68.00元	

前　言

　　自 20 世纪 70 年代以来,在以原油价格暴涨为标志的"能源危机"之后,社会上又相继出现以臭氧层破坏和温室气体效应为首的"全球变暖危机"。为此,各国科学家都在致力于寻求高效、无污染的新的能量转化利用方式。热电材料作为一种新型的绿色能源材料,可以达到合理有效利用工农业余热及废热、汽车废气、地热、太阳能及海洋温差等能量的目的。它利用固体中载流子和声子的输运及其相互作用,实现热能和电能之间的直接相互转化,具有无污染、无噪声、无磨损、体积小、反应快、易于维护、安全可靠等优点,有着极其广泛的应用前景。20 世纪 50 年代,苏联物理学家 Abram Ioffe 和他的同事提出了半导体热电理论,指出优良的热电材料一般要有大的载流子迁移率和能带有效质量及低的晶格热导率。并根据这些理论,科学家们发现了一些性能较好的常规半导体热电材料,如适合室温使用的 Bi_2Te_3 合金、中温(700 K)使用的 PbTe、高温(1000 K)使用的 SiGe 合金和更高温(1000 K 以上)使用的 SiC 等,这些材料的热电优值(ZT)可以达到或接近 1.0(对应热电转换效率小于 10%),另外还有一些具有优异热电性能材料的最大 ZT 可达到 2.0。然而,若想获得与传统热机相当的转换效率,材料的平均 ZT 需达到 3.0 左右。从热力学的基本定理来说,热电优值没有上限,因此,探索具有高转换效率的新型热电材料具有重要的科学意义和实用价值。

　　作者 10 余年来一直从事热电特性的理论研究,特别是 Zintl 相化合物热电特性的研究。这类化合物符合"电子晶体-声子玻璃"的概念,如具有 5-2-6、3-1-3 或 2-1-2 化学计量比的 Zintl 相化合物中,阳离子贡献出全部的价电子给阴离子基团,阴离子基团一般通过共价键形成四面体结构,这些四面体通过角共享、边共享或角共享和边共享交替出现的形式形成一维的直链或一维扭曲的螺旋链或分散的四面体对等,而阴离子基团中元素的电负性一般差别不大,同时阴离子基团中的不等价位原子会使各共价键的键长、键角和键能各不相同,这样复杂的晶格结构有利于降低晶格热导率,并为通过能带工程、声子调控等手段提升材料的热电性能提供了得天独厚的条件,是有广阔应用前景的热电材料。本书写作过程中力求向读者传授自己研究的心路历程和思考探索方法,希冀能够对正在或将来从事热电研究的科研工作者有一定的启发和帮助。

本书第 1 章简述热电转换的基本原理、热电材料性能优化策略。第 2 章阐述了基于密度泛函的第一性原理的理论基础和研究方法。第 3、第 4、第 5 和第 6 章主要介绍了 Zintl 相化合物 $A_5M_2Pn_6$、A_3MPn_3 和 Ba_2ZnPn_2 的晶格结构、电子结构和热电特性,重点讨论 $A_5M_2Pn_6$ 和 A_3MPn_3 化合物中阴离子基团不同排布方式的成因,并分析影响其电子结构和热电特性的微观机制,通过分析试图找到元素的特性、晶格结构、电子结构和电子输运特性之间的内在联系,为实验上合成高性能热电材料提供理论依据。第 7 章探究几种弹性散射机制下,能带简并度、能带有效质量、能带各向异性和热电特性的关系,通过探究试图探寻不同散射机制下优良热电材料电子结构的特性。

本书获得国家自然科学基金(No. 12104130)、河南省和国家基金委联合基金(No. U20041103)的支持。本书基本素材主要取自笔者及研究团队多年来的创新研究成果,同时参考了相关领域前沿科研工作者的研究成果,在撰写过程中得到了单位领导、同事、本课题组同学及家人的支持和鼓励。在本书成稿之际,感谢杨癸老师提出的意见和建议,感谢罗东宝、石清锋、张喜雯、禹清秀和叶灵云等同学在本书编著过程中所做的图片处理、文献查找和文字整理等工作!诚挚感谢河南大学物理与电子学院对本书出版的支持。最后,特别感谢我的博士导师王渊旭老师,是他带我们走进"热电"的研究领域,虽然我们前期做的这些研究工作还很粗浅,但秉承老师的教诲——坚持总结沉淀,终已成书,谨以此表达对王渊旭老师的缅怀。

由于笔者学识有限和编著时间仓促,本书难免存在不足和疏漏,敬请读者和同行专家批评指正。

闫玉丽　冯真真　张光彪
2021 年 6 月

目　录

第1章 绪 论

1.1 引 言

随着世界环境污染的日益严重和能源危机的不断加剧,研究和开发新能源已经成为全球能源发展的趋势。新能源一般是指在新技术基础上加以开发利用的可再生清洁能源,包括太阳能、风能、氢能、海洋能、生物质能、余热和废热能等。其中,余热和废热能的利用是很有潜力的节能途径,具有广阔的应用前景。常见的工业余热、汽车尾气废热和城市固体垃圾焚烧产生的废热等都能提供丰富的热能,但目前,这些热能大多没有被二次利用。武汉理工大学首席教授唐新峰说:"以我国 2011 年的汽车保有量来计算,如果每辆汽车的废热能量能回收 10%,那么一年可节约 1300 万吨原油。"[1]因此,研究余热和废热的再利用,对于提高能源的使用效率、减少人类对化石类能源的依赖及缓解二氧化碳排放所引起的环境问题有着重要的意义。另外,随着深空和深海探索兴趣的增加、医用物理学的发展,需要开发一类能够自身供能且无须照看的电源系统,而热电发电对这些应用尤其适用。热电材料技术在特种电源、绿色能源、环境能量收集与工业余热发电等领域具有重要的应用价值。

热电材料是一种新型的绿色可再生能源材料,它利用固体中载流子和声子的输运及其相互作用,实现热能和电能之间的直接相互转化,具有无污染、无噪声、无磨损、体积小、反应快、易于维护、安全可靠等优点,有着极其广泛的应用前景。现在市面上有一种移动型冰箱,适用于旅行、郊游时冰冻饮料及储存食品等。这种冰箱的特色除了方便携带外,它并不使用压缩机、没有噪声、天气冷时还可摇身一变成为保温器。隐身在这种冰箱后的核心技术,就是里面的热电材料[2]。其实美国早在 1977 年发射的旅行者号飞船上就安装了1200 个热电发电器,它们为飞船的无线电信号发射机、计算机、罗盘、科学仪表等设施提供动力源,在长达 2.5 亿装置时后没有一个失效,在太空飞行中飞船向地球发回了大量关于木星、土星的信息和照片,其质量之高,超过了以往任何一次,其实际输出功率比预期的要高,其使用寿命也比预期的长[3]。另外,利用热电材料制备的微型元件用于制备微型电源、微区冷却、光通信激光二极管和红外线传感器的调温系统,并可为超导材料的使用提供低温环境。热电材料作为一种新型的清洁能源材料由于具有上述广泛的应用前景,吸引了全球各国科研工作者,据统计,1996—2020 年,SCI 共收录热电材料相关文章 38 500 多篇,并且每年发文量一直呈快速上升趋势。

然而热电材料由于较低的热电转换效率(ZT),一直没有得到普遍应用,在探求具有更高 ZT 的热电材料过程中,对其理论的充分理解成为至关重要的因素。伴随着量子力学的成熟与发展、计算方法的不断优化、计算机运算速度的不断提高,采用第一性原理研究材料的性质已趋于成熟。由于不受实验条件的限制,通过理论计算来验证实验并指导实验的方法越来越受到人们的青睐。

1.2　热电性能的表征

人们对热电材料的认识具有悠久的历史。1821 年,德国人塞贝克(Seebeck)发现了材料两端的温差可以产生电压,也就是通常所说的温差电现象[4]。1834 年,法国钟表匠珀耳帖(Peltier)在法国《物理学和化学年鉴》上发表了他在两种不同导体的边界附近(当有电流流过时)所观察到的温差反常的论文[5]。这两个现象表明了热可以致电,而同时电反过来也能转变成热或者用来制冷,这两个现象分别被命名为塞贝克效应和珀耳帖效应。它们为热电能量转换器和热电制冷的应用提供了理论依据。

1.2.1　热电转换效率

根据这两种热电效应,热电技术分为热电发电器(Thermoelectric generator,TEG)和热电制冷器(Thermoelectric cooler,TEC)两类,图 1-1 分别是 TEG 和 TEC 的热电模块及工作原理。

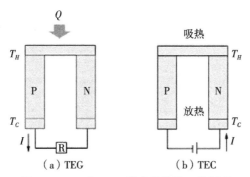

图 1-1　TEG 和 TEC 热电模块及工作原理

TEG 的最大转换效率可通过式(1-1)评估：

$$\eta_{\max} = \frac{T_H - T_C}{T_H} \times \frac{\sqrt{1+ZT}-1}{\sqrt{1+ZT}+\frac{T_C}{T_H}}, \tag{1-1}$$

TEC 的最大转换效率通过式(1-2)评估：

$$COP = \frac{T_C}{T_H - T_C} \times \frac{\sqrt{1+ZT}-\frac{T_H}{T_C}}{\sqrt{1+ZT}+1}。 \tag{1-2}$$

其中，T_H、T_C 和 T 分别为热端、冷端及两端的平均温度，$\dfrac{T_H - T_C}{T_H}$ 为 Carnot 效率，而 $\dfrac{\sqrt{1+ZT}-1}{\sqrt{1+ZT}+T_C/T_H}<1$，因此，热电器件的效率不可能超过 Carnot 效率。

从式(1-1)和式(1-2)可以看出，热电器件的效率与材料的无量纲热电优值 ZT，以及热端、冷端温度有关。ZT 越大热电转化效率越高。因此，ZT 的大小可以作为热电器件工作效率高低的标准。对热电发电而言，只有当 ZT≥3.0 时，发电效率才能与传统的机械效率与压缩机效率相比拟(转化效率为 30%～40%)。所以要实现热电器件的广泛应用，必须将材料的 ZT 提高到 3.0 左右，但是目前研究最早也是最为成熟的热电材料是 Bi_2Te_3 及其固溶体合金，ZT 一直在 1.0 左右。因此，目前主要的研究任务是寻找高 ZT 的热电材料。

1.2.2　热电优值 ZT

无量纲热电优值 ZT 的表达式如下：

$$ZT = \frac{S^2 \sigma T}{\kappa} = \frac{S^2 \sigma T}{\kappa_l + \kappa e} \quad \text{。} \tag{1-3}$$

其中，S 为塞贝克系数；σ 为电导率；κ 为热导率，它包括载流子热导率 κ_e、晶格热导率 κ_1 及双极化扩散热导率 κ_b；$T = (T_1 + T_2)/2$，是冷端与热端的平均温度；$S^2 \sigma$ 为热电功率因子。

由热电值 ZT 表达式可知，在温度一定时，材料热电性能的优劣取决于塞贝克系数、电导率及热导率，并且塞贝克系数、电导率和热导率这 3 个参数相互关联和制约，因此，明确这 3 个参量之间的关系，对有针对性地进行材料的优化设计，寻找高性能的热电材料具有重要的指导意义。

（1）塞贝克系数

1）塞贝克系数的测量原理

塞贝克系数是度量材料温度差引起的热电电压大小的量，即是用来表征塞贝克效应大小的物理量，其表达式为：

$$S = dV/dT \quad \text{。}$$

其中，dT 为热电材料两点间的温度差；dV 为相应两点间的温差电动势。

塞贝克系数的测试原理如图 1-2 所示[6]，在材料 A 两端施加温差，用材料 B 作导线连接材料 A 的两端（这里需要确认接触为欧姆接触），导线的两个自由端 1 和 2 处于室温，并且在导线的 1 和 2 点测试电压（ΔV_{12}），1 接电压表正极，2 接电压表负极。假设材料 A 和 B 的塞贝克系数分别为 S_A 和 S_B，它们都是温度函数。则有：

$$\Delta V_{12} = \int_{RT}^{T_h} S_B dT + \int_{T_h}^{T_c} S_A dT + \int_{T_c}^{RT} S_B dT = \int_{T_c}^{T_h} S_B dT + \int_{T_h}^{T_c} S_A dT = \int_{T_c}^{T_h} (S_B - S_A) dT \quad \text{。}$$

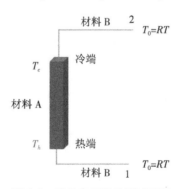

图 1-2 塞贝克系数的测试原理

一般，导线 B 为金属，塞贝克系数很小。这里忽略不计（令 $S_B \approx 0$），则有

$\Delta V_{12} = -\int_{T_c}^{T_h} S_A \mathrm{d}T$,这就是 $S = \mathrm{d}V/\mathrm{d}T$ 的积分形式。需要注意的是,等式右边有一个负号。下面从塞贝克效应产生的微观机制讨论塞贝克系数的正负。

2)引起塞贝克系数符号不同的微观机制[7]

对于半导体来说,产生塞贝克效应的主要原因是热端的载流子向冷端扩散。例如,对于 p 型半导体,由于热激发导致其热端空穴浓度较高,则空穴便从高温端向低温端扩散。这样就致使高温端的电子浓度高而低温端的空穴浓度高。在断路的情况下,就在 p 型半导体的两端形成空间电荷差(热端有负电荷、冷端有正电荷),同时在半导体内部形成电场。当扩散作用与电场的漂移作用相互抵消时,即达到稳定状态,在半导体的两端就出现由于温度梯度所引起的电动势——温差电动势。自然,p 型半导体的温差电动势的方向是从低温端指向高温端(塞贝克系数为正);相反,n 型半导体的温差电动势的方向是从高温端指向低温端(塞贝克系数为负),因此,一般情况下利用温差电动势的方向就可以判断半导体的导电类型。

因为金属的载流子浓度和费米能级的位置基本上都不随温度而变化,所以金属的塞贝克效应必然很小,一般塞贝克系数为 0~10 mV/K。虽然金属的塞贝克效应很小,但是在一定条件下还是比较可观的。实际上,利用金属塞贝克效应来检测高温的金属热电偶就是一种常用的元件。影响金属塞贝克效应的因素较为复杂,可以从两个方面来分析:其一,电子从热端向冷端扩散,然而这里的扩散不是因浓度梯度(因为金属中的电子浓度与温度无关)所引起的,而是热端的电子具有更高的能量和速度所造成的,显然,如果这种作用是主要的,则这样产生的塞贝克系数应该为负;其二,电子自由程的影响,因为金属中虽然存在许多自由电子,但对导电有贡献的却主要是费米能级附近 2 kT 范围内的所谓传导电子,而这些电子的平均自由程与遭受散射(声子散射、杂质和缺陷散射)的状况和能态密度随能量的变化有关。如果热端电子的平均自由程是随着电子能量的增加而增大,那么热端的电子不仅具有较大的能量,而且还具有较大的平均自由程,则热端电子将向冷端输运,从而将产生塞贝克系数为负,金属 Al、Mg、Pd、Pt 等就是这种情况;然而,如果热端电子的平均自由程是随着电子能量的增加而减小,那么热端的电子虽然具有较大的能量,但是它们的平均自由程却很小,因此电子的输运将主要是从冷端向热端的输运,从而将产生塞贝克系数为正,金属 Cu、Au、Li 等即是如此。

3)影响塞贝克系数的因素

基于弛豫时间相近[8-9]，当材料处于稳定的状态并且仅有温度梯度及电场的作用时，由玻尔兹曼方程得出材料的塞贝克系数为：

$$S = \frac{k_B}{e}\left[\xi - (s + \frac{5}{2})\right] 。 \tag{1-4}$$

其中，k_B 为玻尔兹曼常数；e 为电子电量；$\xi = E_T/k_B T$ 为约化费米能级，很多热电材料的 ξ 在 $-2.0 \sim 5.0$；s 代表散射因子。散射机制不同，散射因子也不同。对于声学声子散射和合金散射，$s = -1/2$；对于中性杂质散射，$s = 0$；对于光学声子散射，$s = 1/2$；对于离子杂质散射，$s = 3/2$。实际的热电材料一般由两种或两种以上的元素组成，几种不同的散射机制可能同时存在，载流子在输运过程中的有效弛豫时间是各种不同散射机制综合作用的结果。因此，本书第 7 章就是研究在不同的弹性散射机制下，热电转换效率和能带有效质量、能带简并度和能带各向异性的关系。

由于热电材料所用半导体主要为重掺杂半导体或称简并半导体，重掺杂情况下的半导体的能带结构和金属材料的相似，塞贝克系数的表达式为[10]：

$$S = \frac{8\pi^2 k_B^2}{3eh^2} m^* \times T\left(\frac{\pi}{3n}\right)^{2/3} 。 \tag{1-5}$$

其中，n 为载流子浓度；m^* 为态密度有效质量。

$$m^* = N^{\frac{3}{2}}(m_x m_y m_z)^{\frac{1}{3}} 。 \tag{1-6}$$

其中，m_x、m_y 和 m_z 分别为材料在 x、y 和 z 3 个方向上的能带有效质量，以 m_x 为例，其表达形式：

$$m_x = \frac{h^2}{\dfrac{dE_x^2}{d^2 K_x}} 。 \tag{1-7}$$

其中，N 为能带简并度（包括轨道简并和对称简并），由式（1-5）和式（1-6）可知，重掺杂半导体的塞贝克系数随温度、能带简并度及能带有效质量的增加而增加，随载流子浓度的增加而减小。

（2）电导率

电导率是用来描述物质中电荷流动难易程度的参数。根据半导体理论，材料的载流子浓度 n、迁移率 μ 及电导率 σ 的关系为：

$$\sigma = ne\mu = \frac{ne\langle \tau \rangle}{m_I} 。 \tag{1-8}$$

式中，e 为单个载流子所带电荷量；τ 为电子弛豫时间；m_I 为惯性有效质量，它和能带有效质量的关系是 $1/m_I=1/m_x+1/m_y+1/m_z$，也就是说电导率随载流子浓度、弛豫时间的增加而增加，随能带有效质量的增加而减小。可见电导率和塞贝克系数通过能带有效质量和载流子浓度相互关联，如通过掺杂调节载流子浓度来增加电导率就会导致塞贝克系数的减小，同时导致电子热导率的增加，图 1-3 直观地展示了这 3 个参数的关联关系。

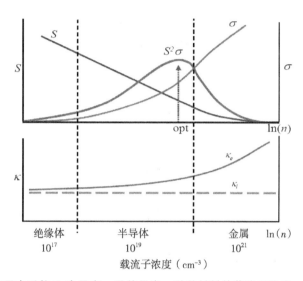

图 1-3　塞贝克系数 S、电导率 σ 及热导率 κ 随着材料的载流子浓度 n 的变化[11]

　　有趣的是，晶格热导率与其他参量有较弱的耦合，因此，寻找本征低晶格热导率的新型热电材料，并在此材料基础上通过掺杂实现合适的带隙、多能谷简并和轻重带共存等，从而提高材料的热电功率因子 $S^2\sigma$。

　　（3）热导率

　　热导率，又称导热系数，是物质导热能力的量度。对于本征激发的半导体，材料的热导率受载流子热导率 κ_e、晶格热导率 κ_l 及双极化扩散热导率 κ_b 的共同影响。

　　载流子是能量及电荷的载体，当其在晶体中运动时，会影响热量的传输。当晶体中只有电子或者空穴一种载流子时，载流子热导率符合 Wiedemann-Franz 定律[12-13]，即温度较高时载流子热导率与电导率之比为一常数：

$$\kappa_e=L\sigma T \quad 。 \tag{1-9}$$

其中，L 为洛伦兹常数。对于金属或简并半导体，L 趋近于一定值：

$$L = \frac{\pi^2}{3} \left(\frac{k_B}{e}\right)^2 = 2.45 \times 10^{-8} (\text{W} \cdot \Omega) \cdot \text{K}^{-2} \, 。 \tag{1-10}$$

对于非简并半导体，L 可以表示为：

$$L = \left(\frac{k_B}{e}\right)^2 \left(s + \frac{5}{2}\right) 。 \tag{1-11}$$

但是很多热电材料处于简并和非简并之间，需要具体情况具体的分析[9]。从以上公式可以看出，当增加材料的电导率时，载流子的热导率也会随之增加。因此，载流子热导率的调节受到了很大限制。对于半导体热电材料来说，当载流子浓度比较低时，载流子热导率的贡献可忽略；当载流子浓度较高或材料处于本征激发时，必须考虑它对总热导率的贡献。

晶格的振动能量是量子化的，能量的增减是以 $\hbar\omega$ 为计量单位的。晶格振动时携带的能量量子为声子[13]。晶格振动的传热过程可以看成携带热量的声子沿温度梯度场扩散的过程，因此声子热导率与声子的能量、平均自由程等有关。根据理想晶体的"声子气体"模型，声子热导率可以表示为：

$$\kappa_1 = \frac{1}{3} C_V \bar{\upsilon} \bar{\lambda} = \frac{1}{3} C_v \bar{V}^2 \tau 。 \tag{1-12}$$

其中，C_V 为晶体的比热容；$\bar{\upsilon}$ 为声子的平均声速；$\bar{\lambda}$ 为声子的平均自由程；τ 为声子弛豫时间。C_V 与温度有关，在德拜模型中，高温（温度大于德拜温度）热容 $C_V = 3Nk_B$，德拜模型的高温热容与经典理论是一致的；当温度低于德拜温度时，热容 $C_V \propto T^3$，温度越低，符合程度越好。声子的平均自由程随温度的升高而减小，并与声子散射有关，其中散射机制包括缺陷引起的散射、在晶粒间和表面处的晶界散射、声子-声子散射及载流子对声子的散射等。由于这些散射机制的存在使理想晶体声子热导率比实际值偏大。

在高温下具有大带隙的半导体、在常温下具有小带隙的半导体或半金属中存在空穴和电子两种载流子。当这两种载流子同时存在时，它们有可能在同一方向上移动，在没有电流的情况下输送能量。在输运的过程中，少数载流子数量快速增加，多子和少子的复合过程加剧，额外的热传输增加，对材料整个输运性质的影响称双极扩散效应。热导率并不只是几种载流子热导率的简单相加，这几种载流子相互作用对总热导率的影响更大[14]，如式（1-13）所示：

$$\kappa_B = \frac{\sigma_h \sigma_c}{(\sigma_h + \sigma_c)} (S_h - S_c)^2 T 。 \tag{1-13}$$

因此，在考虑了双极扩散对热导率的贡献后，材料的热导率主要由式（1-14）中的 3 部分电子热导率、晶格热导率和双极化热导率组成：

$$\kappa = \kappa_e + \kappa_L + \kappa_B \, 。 \tag{1-14}$$

另外,式(1-15)进一步表明双极化效应会导致总的塞贝克系数的减小:

$$S = \frac{S_n \sigma_n + S_p \sigma_p}{\sigma_n + \sigma_p} \, 。 \tag{1-15}$$

可见双极扩散带来热导率的升高和塞贝克系数的减小,对材料热电性能产生不利影响,因此,优异的热电材料通常是重掺杂的半导体,尽量维持单一载流子传输机制,避免双极扩散现象的发生。

1.3　提高材料热电优值的途径

1.3.1　提高功率因子

由上面论述可知,影响热电材料载流子输运的 3 个重要参数 S、σ、κ_e 均以载流子浓度 n 和温度 T 为变量,形成关联体系,参数间相互耦合并互为牵制,强烈依赖于具体材料体系的能带结构。因此,基于理论指导、积极寻找促使诸参数均向有利方向发展的新思路,如提升费米能级附近的能带汇聚[15-16]、在费米能级附近引入共振能级[17-18]、材料低维纳米化等[19],这些方法可归结为能带工程和结构设计两个方面。能带工程的机制又可归分为“多能谷”和“共振态”两种。

(1)提高塞贝克系数 S

在重掺杂半导体中,塞贝克系数随能带简并度的增加而增加。于是很多科研工作者通过调节载流子浓度、移动费米能级的第二价带或导带实现轻重能带的汇聚,增加了能带简并度,同时显著增加费米能级附近态密度有效质量,提高了塞贝克系数,电导率基本没有损失。例如,同济大学裴艳中等通过掺杂得到的 $PbTe_{1-x}Se_x$ 合金[15],使 0 K 时第一价带 L 和第二价带 Σ 在温度为 500 K 时汇聚,由于 L 点是四重简并、Σ 点是十二重简并,所以能谷汇聚处实现了十六重简并[图 1-4(a)和图 1-4(b)]。第一价带 L 和第二价带 Σ 的能带汇聚增加了 $PbTe_{1-x}Se_x$ 合金的 ZT,在 850 K 时,体系的 ZT 达 1.8。图 1-4(c)为实现能谷汇聚的另外一种方式,即由 Mg_2Sn 和 Mg_2Si 形成固溶体[16],通过对两种成分的调节和优化,最终实现体系的能谷汇聚,提高能带简并度。这是在热电领域实现参数解耦的两种经典方法,相同点是通过修饰能带简并度的方式提升了热电材料的 ZT。

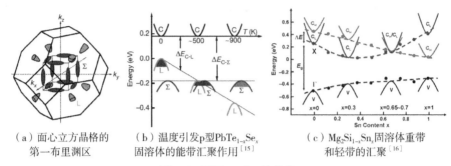

（a）面心立方晶格的　（b）温度引发p型PbTe$_{1-x}$Se$_x$　（c）Mg$_2$Si$_{1-x}$Sn$_x$固溶体重带
第一布里渊区　　固溶体的能带汇聚作用[15]　和轻带的汇聚[16]

图 1-4　PbTe$_{1-x}$Se$_x$ 的价带

在常规单相材料中,利用掺杂产生的共振能级,可以引起材料电子能态密度(DOS)在费米能级(E_F)附近的巨变,继而提升材料的塞贝克系数(S)和热电优值(ZT)。近年来,Mahan 等[17]和 Tan 等[18]在 PbTe 掺杂方面分别做出了重要的研究工作[图 1-5(a)]。Tan 等[18]研究发现,Mn 掺杂 PbTe 的基态是磁矩为 $5\mu_B$/Mn 的铁磁态。Mn 的 5 个 d 电子全部排列在自旋向上态,刚好形成全占据的自旋向上态和全空的自旋向下态,由于强烈的磁关联劈裂作用,使得 d 电子轨道远离费米面。在其他 3d 过渡金属不能形成全满或者全空的状态,d 电子轨道将靠近费米面形成"共振态"效应。如图 1-5(b)所示,Mn 的 d 电子选择性作用到次级价带上并使其上升,从而缩小最高价带和次级价带之间的能量差,形成"多能谷"效应。通过分波态密度的分析可以看出,这种效应来源于 Mn-d 电子 e_g 轨道和 Te-p 电子轨道的反键态。如果阳离子 p 电子轨道下降或者 d 电子 e_g 轨道上升,也就是两种电子轨道之间的能量差减小,如图 1-5(c)所示,反键态电子态密度将逐渐增大,"多能谷"效应将逐步向"共振态"效应转变。

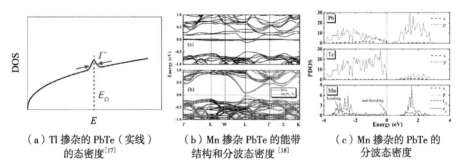

（a）Tl 掺杂的 PbTe（实线）　（b）Mn 掺杂 PbTe 的能带　（c）Mn 掺杂的 PbTe 的
的态密度[17]　　结构和分波态密度[18]　分波态密度

图 1-5　掺杂引起费米能级附近态密度能级共振增加塞贝克系数的原理

（2）通过结构设计提高功率因子

通过能带工程调节费米能级附近的能带结构,增大材料在费米面附近的能带简并度或态密度变化率有助于增加材料的塞贝克系数,进而提高功率因子。从图 1-6 可以看出,当材料的尺寸降低到纳米结构时,态密度的形状发生了巨大的变化。材料的维度越低,态密度在某一能量范围内的变化率越大,从这方面看,低维材料的热电性质要好于三维块材料的。当材料的尺寸由三维降低到二维、再由二维降低到一维、进一步由一维降低到零维时,材料可以产生独特的量子限域效应,将材料的载流子束缚在维度范围内,可以独立控制材料的塞贝克系数和电导率,从而增大材料的功率因子。把低维材料引入热电领域的两个原因:一是利用量子束缚效应,独立对塞贝克系数及电导率进行控制;二是大量的界面比电子更能有效地散射声子,从而降低材料的热导率。早期工作的重点是建立这些概念上,这是首次在周期性二维量子阱系统模型[19]中测试出了有效性,后来从理论及实验上在量子线系统[20]中验证了这些结论[19,21]。用口袋(carrier-pocket)工程[21]、能量过滤[22]及半金属到半导体过渡[23]可以提高材料的热电性质,这 3 个概念可以用一维材料来验证。存在于 $Pb_{1-x}Eu_xTe$ 势垒及 PbTe 量子阱中的二维超晶格[19]是首次验证这些概念的低维材料。自从降低材料的维度可以提高材料的热电性能这个概念提出以来[23-24],低维热电材料已经得到了很快的发展[25-30]。

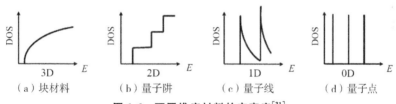

（a）块材料　（b）量子阱　（c）量子线　（d）量子点

图 1-6　不同维度材料的态密度[31]

除了费米面附近的态密度影响材料的塞贝克系数和电导率外,能带有效质量 m_x、m_y 和 m_z,带隙 E_g 及载流子散射机制等也都会对塞贝克系数和电导率产生影响。

1.3.2　降低热导率

材料的热导率 κ 主要受载流子热导率 κ_e 及晶格热导率 κ_l 影响。在重掺杂半导体中,电子热导率和电导率之间满足维德曼-弗兰兹定律,即 $\kappa_e = LT\sigma$,其中

L 是洛伦兹常数。可以看出,当增大材料的电导率时,电子热导率也会相应增加。晶格热导率 κ_l 受材料的电子结构影响较小,可以独立调控,因而降低晶格热导率成为优化热电优值的主要手段。由式(1-12)可知,降低晶体的比热容 C_V、声子的平均声速 $\bar{v}$、声子的平均自由程 λ 和声子弛豫时间 τ 中的任意一个值都可以降低材料的晶格热导率。因此,主要可以从以下两个方面考虑降低晶格热导率[32]。

(1)寻找并制备具有本征低热导率的热电材料

具有本征低热导率的热电材料一般具有以下几个特征:①强非谐性,非谐性强弱主要与化学键及原子平衡位置的对称性有关,原子在振动过程中,若其对称中心发生偏移越大,则非谐性越强,具有孤对电子的材料往往由于电子云分布不均匀,晶体结构会发生一定的变形,非对称性显著增强,有利于获得强非谐性;②弱化学键,化学键弱的材料具有较低的声速,原子在其平衡位置附近具有更大的活动空间,电子云分布更为弥散,在声子谱中,弱化学键往往对应一些低频段的声子模,更容易与声学支发生耦合作用,从而降低声学支对热导的贡献;③复杂的晶胞结构,不仅可以降低声学支对总热容的贡献比重,而且可以降低声学支声子的群速。

(2)通过多尺度声子散射降低已有热电材料的热导率

由于在德拜温度以上,声子频率分布在 0 到德拜频率之间,同时抑制所有波长段的声子模能够有效降低晶格热导率,如点缺陷散射、位错散射、晶界散射、共振散射和电-声散射等(图 1-7)。

近年来有研究表明,弱拓扑绝缘体能实现极低的晶格热导率[33-35],并且其特殊的表面传导特性有望冲破半导体基热电材料的禁锢,实现电性能及热性能的真正解耦。然而,拓扑绝缘体的晶格动力学、声子输运等机制仍需要人们进一步研究与探索[36-37]。总体来说,不论是研究发现新型的具有本征低晶格热导率的热电材料,还是进一步降低现有的热电材料热导率,通过多种手段的并用,一定会对未来的热电材料领域的可持续发展产生实质的积极促进作用。[32]

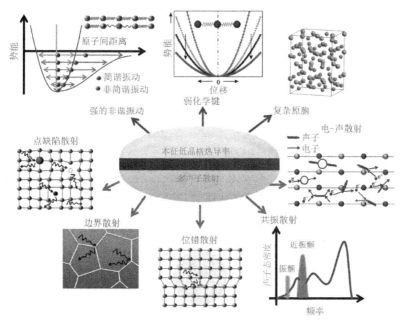

图 1-7　获得低晶格热导率的几种途径[32]

1.4　本书主要研究内容

Zintl 相材料最早由德国科学家 Eduard Zintl(1898—1941 年)发现,并于 1941 年被 Laves 正式命名为"Zintl 相"。它是由第一主族(碱金属)或第二主族(碱土金属)和 P 区的金属或准金属形成的金属间化合物。和一般金属间化合物不同的是,Zintl 相化合物的相宽较小(大部分金属间化合物的成分不确定)。在这个化合物中,电子从电正性较强的碱金属或碱土金属流向电负性较强的 P 区金属,碱金属或碱土金属形成阳离子。为满足(8−N)电子规则,得到电子的 P 区金属原子间通过共价键形成结构复杂的 Zintl 相阴离子基团。共价键有序的阴离子基团有利于提高电学性能,如高的电子迁移率,使其具备"电子晶体的特性";同时结构内部结合不紧密的离子键可以散射声子降低晶格热导率,具有"声子玻璃"特性。Zintl 相热电材料特有的复杂结构使之具有较好的热电性能,因此受到了越来越多的重视。例如,本书要讨论的以 $A_5M_2Pn_6$ 为代表的 5-2-6 系列、以 A_3MPn_3 为代表的 3-1-3 系列和以 A_2MPn_2 为代表的 2-1-2 系列,在这 3 个系列 Zintl 相化合物中阴离子基团形成四面体结构,这些四面体一般通过角共享、边共享或角共享和边共享交替出现的形式形成一维的直链或一维扭曲的螺旋链。而阴离子基团中元素的电负性有差别,但一般差别不大,同时阴离子基团中的不等价位原子会使各共价键的键长和键能各不相同,这样复杂的晶格结构天生具有声子玻璃和电子晶体特性,因此是非常理想的热电器件的候选材料。本书主要采用第一性原理方法研究了 $A_5M_2Pn_6$ 为代表的 5-2-6 系列、以 A_3MPn_3 为代表的 3-1-3 系列和以 A_2MPn_2 为代表的 2-1-2 系列这 3 个系列的 Zintl 相化合物的电子结构和热电特性。表 1-1 给出了本书涉及的几种 Zintl 相化合物的晶格结构类型,其中 $A_5M_2Pn_6$ 和 A_3MPn_3 化合物中阴离子基团不同排布方式的成因及其对电子结构和热电特性调制的微观机制是本书的研究重点(图 1-8 给出了本书涉及的几种 $A_5M_2Pn_6$ 和 A_3MPn_3 化合物的晶格结构,见书末彩插)。所做主要工作归纳如下。

表 1-1 本书涉及的几种类型 Zintl 相化合物的晶格结构类型

对称群	四面体排列方式	本书涉及的 Zintl 相化合物
Pbam(55)	$A_5M_2Pn_6$ 相邻两个四面体通过角共享形成一维链状结构,相邻两个链通过 Pn—Pn 共价键形成梯子形的结构	$Ca_5Al_2Sb_6$、$Ca_5Ga_2As_6$、$Ca_5In_2Sb_6$、$Ca_5Ga_2Sb_6$、$Ba_5In_2Sb_6$
	$A_5M_2Pn_6$ 相邻两个四面体通过角共享形成一维链状结构	$Ca_5Sn_2As_6$、$Sr_5Sn_2P_6$、$Sr_5Sn_2As_6$
Pnma(62)	$A_5M_2Pn_6$ 两个四面体以角共享和边共享交替出现,且每个 $A_5M_2Pn_6$ 单元都有一个 Sb 悬挂键,从而形成扭曲的一维螺旋结构	$Sr_5In_2Sb_6$、$Sr_5Al_2Sb_6$
	A_3MPn_3 的相邻两个四面体通过角共享形成一维链状结构	Ca_3AlSb_3、Ca_3GaAs_3
Cmca(64)	A_3MPn_3 的相邻两个四面体通过边共享形成独立的四面体对,相邻两个四面体对交叉排列	Sr_3AlSb_3
P21/n(14)	相邻两个四面体两个顶角共享和两个底角共享,这两种共享方式交替出现形成扭曲的一维链状结构	Sr_3GaSb_3

(1)$A_5M_2Pn_6$ 化合物中阴离子基团不同排布方式的成因及其对电子结构和热电特性的影响

$A_5M_2Pn_6$ 化合物中阴离子基团主要有 3 种排列方式:第一种是以 $Ca_5Al_2Sb_6$ 为代表,它的阴离子基团 $AlSb_4$ 形成四面体结构,相邻的两个四面体通过角共享 Sb 形成一维链状结构,相邻的两个链通过 Sb—Sb 共价键形成梯子形的结构[图 1-8(a)];第二种是以 $Ca_5Sn_2As_6$ 为代表,相邻两个四面体通过角共享 Sb 形成一维链状结构,相邻两个链的排列方式不同[图 1-8(b)];第三种以 $Sr_5Al_2Sb_6$ 为代表,它的阴离子基团 $AlSb_4$ 形成四面体结构,相邻两个四面体以角共享和边共享交替出现的形式形成一维螺旋的链状结构,且每个 $A_5M_2Pn_6$ 单元都有一个 Sb 悬挂键,从而形成扭曲的一维螺旋结构[图 1-8(c)]。围绕 $A_5M_2Pn_6$ 化合物中 3 种不同的链状结构的成因,及其影响电子结构及热电特性的微观机制,主要做了如下工作。①Pn—Pn 共价键的成因及其对 $A_5M_2Pn_6$ 电子结构和热电特性的影响。通过对比 $Ca_5Ga_2As_6$ 和 $Ca_5Sn_2As_6$ 发现,Pn 和 M 电子组态的不同是导致阴离子基团 MPn_4 四面体排列方式不同的原因。As—As 共价键的形成导致在导带底附近出现了一个尖锐的峰,故材料的电子态密度有效质量远大于空穴态密度有效质量,从而使得电子的塞贝克系数远大于空穴的塞贝克系数。同时 As—As 键使 n 型 $Ca_5Ga_2As_6$ 的

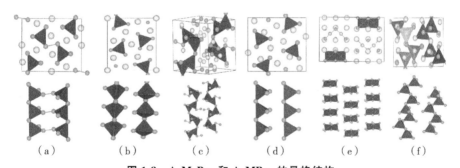

| (a) | (b) | (c) | (d) | (e) | (f) |

图 1-8 $A_5M_2Pn_6$ 和 A_3MPn_3 的晶格结构

其中,(a)$Ca_5Al_2Sb_6$ 是 Pbam 空间群,相邻两个四面体通过角共享形成一维链状结构,相邻两个链通过 Pn—Pn 共价键形成梯子形的结构;(b)$Ca_5Sn_2As_6$ 是 Pbam 空间群,相邻两个四面体通过角共享形成一维链状结构,相邻两个链的排列方式不同;(c)$Sr_5Al_2Sb_6$ 是 Pnma 空间群,两个四面体以角共享和边共享交替出现,且每个 $Sr_5Al_2Sb_6$ 单元都有一个 Sb 悬挂键,从而形成扭曲的一维螺旋结构;(d)Ca_3AlSb_3 是 Pnma 空间群,相邻两个四面体通过角共享形成一维链状结构;(e) Sr_3AlSb_3 是 Cmca 空间群,相邻两个四面体通过边共享形成独立的四面体对,相邻两个四面体对相对转动 90°;(f)Ca_3GaSb_3 是 P21/n 空间群,相邻两个四面体两个顶角共享和两个底角共享,这两种共享方式交替出现的形式形成螺旋的一维链状结构。图中黄色小球代表 A 位原子,绿色小球代表 Pn 原子,四面体内包裹的是 M 原子。

y 方向聚集了较多的电荷,从而导致该方向有较高的电导率。在 $Ca_5Sn_2As_6$ 中由于没有形成 As—As 键,导致在费米能级的价带极值附近出现了一个比较尖锐的峰值,使得 p 型 $Ca_5Sn_2As_6$ 的塞贝克系数大于 n 型的。另一研究表明,Ca 和 Sr 电负性和原子半径大小的差别是导致 $Sr_5Al_2Sb_6$ 和 $Ca_5Al_2Sb_6$ 的带隙差别较大的原因,也可能是实验上 Zn 掺入 $Ca_5Al_2Sb_6$ 后材料中的载流子浓度增加比较明显,而掺入 $Sr_5Al_2Sb_6$ 后载流子浓度变化不大的原因。由于带隙是影响材料热电特性的又一个非常直接的因素,研究发现 A 和 Pn 电负性的不同,是影响 $A_5M_2Pn_6$ 的带隙大小的主要因素,这可以作为调控 Zintl 化合物带隙的一个途径。②Zintl 化合物中元素含量高低对 Pn—Pn 键的形成的影响。通过理论研究发现,随着 A 元素含量的减小,化合物从 Ca_3GaAs_3 到 $Ca_5Ga_2As_6$,相应的四面体 $GaAs_4$ 连接方式从一维单链到由 Pn—Pn 键连接四面体形成一维双链[图 1-8(e)]。由 Pn—Pn 连接的双链的形成,一方面使化合物价态平衡;另一方面在导带底附近引起能带简并。Pn—Pn 键的形成与否使得 Ca_3GaAs_3 和 $Ca_5Ga_2As_6$ 的热电性质差别很大。虽然对这两种化合物来说,沿着链的方向热电性都比其他方向的好,但 Ca_3GaAs_3 的热电特性比 $Ca_5Ga_2As_6$ 的更好,也就是说,对于相同元素组成的 Zintl 相化合物,Pn—Pn 键的形成不利于材料热电特性的提高。这与不同元素形成的 $A_5M_2Pn_6$ 化合物中 Pn—Pn 键对热电特性的影响截然不同。

总之,Zintl 相化合物中,阴离子基团的排布方式对材料的热电性质有着重要的影响,发展调制阴离子基团排布进而调控材料电子结构是改善这类材料热电性能的重要途径,非常值得通过实验进行尝试。

(2)溶质原子的溶度上限对提高载流子浓度的影响

实验工作者尝试通过掺杂改变载流子浓度优化 $A_5M_2Pn_6$ 材料的热电转化效率,如 G. J. Snyder 小组用 Na^+ 在 Ca^{2+} 位掺杂,发现 $Ca_5Al_2Sb_6$ 的最大热电优值由不足 0.1 增加到 0.6;0.1 个 Zn^{2+} 和 0.25 个 Na^+ 分别取代 $Ca_5Al_2Sb_6$ 中的 Al^{3+} 和 Ca^{2+} 时,两样品的霍尔载流子浓度、塞贝克系数和晶格热导率非常相近,而两样品的 ZT 差别很大。当实验工作者用 Zn^{2+} 取代 $Sr_5Al_2Sb_6$ 和 $Ca_5Al_2Sb_6$ 中的 Al^{3+} 位时,在同样掺杂原子浓度下,Zn^{2+} 掺杂 $Sr_5Al_2Sb_6$ 样品中的载流子浓度远小于 Zn^{2+} 掺杂 $Ca_5Al_2Sb_6$ 中的载流子浓度。通过对比理论计算和他人的实验结果发现,即使相同材料的相同位置被同一元素取代,理论预测的热电性质与实验值差别也很大。本书采用第一性原理结合半经典玻尔兹曼理论,通过对比理论和实验结果,发现溶质原子在 $Ca_5Al_2Sb_6$ 中小的溶度上限导致实验中很难达到最优载流子浓度,从而导致理论和实验上的最大 ZT 差别很大,因此,选择溶度较大的溶质原子成为提高热电性质的关键。本书计算并对比了几十种原子分别取代 $Ca_5Al_2Sb_6$ 中的不同类原子的形成能,发现溶质原子和被取代原子的电子组态越接近,形成能越小,越容易发生取代,最优载流子浓度越容易达到。相比 Sr,Zn 的电子组态和 Ca 的更接近,这可能是实验上 Zn 掺入 $Ca_5Al_2Sb_6$ 后材料中的载流子浓度增加比较明显,而 Zn 掺入 $Sr_5Al_2Sb_6$ 后载流子浓度变化不大的原因。

(3)调控能带结构改善 $A_5M_2Pn_6$ 的热电性能

探索有效调控费米能附近能带结构的方法一直是热电工作者的重要研究内容。掺杂是改变能带结构并提高材料热电特性的一种非常有效的方法。本书研究了 Pb 的掺杂对 $Ca_5In_2Sb_6$ 的热电性质和电子结构的影响。计算的掺杂形成能表明 Pb 易于占据 $Ca_5In_2Sb_6$ 的 In 位。通过研究掺杂 5‰ Pb 时 $Ca_5In_2Sb_6$ 的电子结构及热电性质,发现与 Zn 掺杂不同,Pb 掺杂 $Ca_5In_2Sb_6$ 的带隙中出现了部分填满的中间带,这条中间带来自于 Pb 的 s 态与 Sb 的 s 态的弱杂化。由于出现了中间带,电子可以从价带跃迁到导带,也可以从中间带跃迁到导带,以及从价带跃迁到中间带,所以会显著增加 $Ca_5In_2Sb_6$ 载流子浓度,从而提高电导率。而且,这些中间带属于重带,有效质量比较大,有利于提高塞贝克系数。热电性质的计算结果表明,中间带的出现使 $Ca_5In_2Sb_6$ 的电导率提高很多,并且塞贝克系数下降较少,从而导致材料的 ZT 明显增大。在 900 K 和最优载流子浓度时,Pb 掺杂 $Ca_5In_2Sb_6$ 的最大 ZT 达 2.46。因此,Pb 掺杂的 $Ca_5In_2Sb_6$ 可能是很有前景的热电材料。随着 Pb 掺杂浓度的增加塞贝克系数显著下降,从而导致 ZT 明显下降。建议实验工作者通过 Pb 掺杂来提高 $Ca_5In_2Sb_6$ 和其他 Zintl 相化合物的热电性质。此工作提供了一种提高 Zintl 相化合物热电性能的途径。

(4)A_3MPn_3 中阴离子基团不同排布方式的成因及其对电子结构和热电特性的影响

Ca_3AlSb_3 和 Sr_3AlSb_3 中,由 $AlSb_4$ 形成的四面体不同的排布方式及其对电子结构和热电性质的影响的研究发现,这两种材料中 A 位离子电负性和原子半径的不同导致其四面体具有不同的排布方式,是造成其热电性质差别的主要原因。Ca_3AlSb_3 中 $AlSb_4$ 形成了一维链状结构,从而其电导率沿链的方向比较高,而且 Ca_3AlSb_3 中价带边缘的二重能带简并导致其具有较高的塞贝克系数,故 Ca_3AlSb_3 可能具有较好的热电性质。Sr_3AlSb_3 中四面体形

成了孤立的 Al_2Sb_6 结构,有较强的各向同性。有实验研究发现相同浓度的 Zn 掺杂下,Sr_3AlSb_3 中的载流子浓度比 Ca_3AlSb_3 中的低,通过形成能对比发现 Zn 掺杂 Sr_3AlSb_3 的形成能远高于 Ca_3AlSb_3,这可能是实验中 Sr_3AlSb_3 的载流子浓度比 Ca_3AlSb_3 低的原因。通过前面的讨论可知,这是由于相比 Sr,Zn 的电子组态和 Ca 的更接近。Sr_3GaSb_3 的 n 型热电特性优于 p 型,n 型最大 ZT 沿 y 方向,最大值是 1.74,相应温度是 850 K,最优载流子浓度 3.5×10^{20} cm^{-3}。另外,在 900 K 时,n 型 Ca_3GaAs_3 的最大 ZT 达 1.83,对应的载流子浓度 7.51×10^{19} cm^{-3};p 型掺杂 Ca_3GaAs_3 的最大 ZT 达 0.42,相应的载流子浓度 1.86×10^{20} cm^{-3},这两个最大 ZT 出现在 z 方向。

(5)Ba_2ZnPn_2 及其他 Zintl 相化合物热电性质的研究

Ba_2ZnPn_2(Pn=As、Sb、P)热电性质研究。基于畸变势理论,采用第一性原理方法成功计算了 Ba_2ZnPn_2 的电子弛豫时间,预测了材料的电导率。研究发现 4 条简并能带且不同的交叠积分主要来自于 Zn 原子和 Pn 原子之间不同程度的相互作用。独特的链状分布,导致了它们沿 z 方向有很大的电导率,故它们在 z 方向有很好的热电性质。其中,p 型掺杂的 Ba_2ZnAs_2 和 Ba_2ZnSb_2 在 z 方向的最大 ZT 都大于 2,因此,预测它们在 z 方向热电性能比较好。$Ba_3Al_3P_5$ 和 $Ba_3Ga_3Al_5$ 的热电性质和载流子浓度关系的研究,发现 $Ba_3Al_3P_5$ 在 300 K 时,p 型热电特性明显优于 n 型,而 $Ba_3Ga_3Al_5$ 在 300 K 时 n 型热电特性优于 p 型;在温度为 800 K 时,$Ba_3Al_3P_5$ 在 n 型掺杂下的热电特性明显优于 p 型,而 $Ba_3Ga_3Al_5$ 在此温度下 p 型热电特性优于 n 型。另一研究表明,对于 p 型掺杂,$Ba_3Al_3P_5$ 的最大 ZT(温度为 500 K)为 0.49,相应的载流子浓度 7.1×10^{19} cm^{-3};$Ba_3Ga_3P_5$ 的 ZT(温度为 800 K)为 0.65,相应的载流子浓度为 1.3×10^{20} cm^{-3}。$Ba_3Ga_3P_5$ 价带顶存在多个能谷,增加了材料的电导率。部分电荷密度图显示 $Ba_3Ga_3P_5$ 中的 P 原子周围都有电荷分布,而在 $Ba_3Al_3P_5$ 的 P 原子周围没有电荷,这可能是导致 $Ba_3Ga_3P_5$ 在价带顶极值点多于 $Ba_3Al_3P_5$ 的原因。通过分析发现,阴离子基团中两元素电负性的差别是导致上述材料电子结构和输运特性的不同的主要原因。

(6)载流子散射行为差异性与热电效率关联因素的关系

本书通过探究几种弹性散射机制下,能带简并度、能带有效质量、能带各向异性和热电特性的关系,得出如下结论。①在畸变势散射、离子杂质散射($y \ll 1$ 且 $1 < m^* < 2.7$)、离子杂质散射($y \gg 1$)下,轻的载流子有效质量对热电性能有利;在中性杂质散射和离子杂质散射($y \gg 1$ 和 $0 < m^* < 1$)时,材料

参数 β 随载流子有效质量增加而增加,即大的能带有效质量有利于热电特性的提高;压电散射机制下,载流子有效质量与热电性能无关。②在畸变势散射下材料参数 β 随各向异性增加而下降;在压电散射和中性杂质散射下,材料参数 β 随各向异性增加而增加。③无论在什么散射机制下,高的能谷简并度对热电性质均有利。

参考文献

[1] 黄辛.研究热电技术 开发废热宝库[EB/OL].(2014－02－11)[2020－11－12]. http://news. sciencenet. cn/sbhtmlnews/2014/2/283288. shtm? id＝283288.

[2] 上海硅酸盐研究所.热电材料 [EB/OL].(2011－05－12)[2020－11－12]. http:// www. cas. cn/kxcb/kpwz/201105/t20110512_3131837. shtml .

[3] 张建军.温差发电国际动态[J].电源技术,1989(21):23.

[4] TRITT T M, KANATZIDIS M G, LYON H B,et al. Thermoelectric materials:new directions and approaches[M]. Materials research society symposium proceedings, United States: San Francisco, California, 1997.

[5] CADOFF I B, MILLER E. Thermoelectric materials and devices[M]. New York: Reinhold Pb. Corp,1961.

[6] XIA X L. 赛克系数(Seek Cofficient)的测试[EB/OL].(2020－05－11)[2021－11－ 12]. https://zhuanlan. zhihu. com/p/139527609.

[7] 百度百科.塞贝克效应[EB/OL]. [2021－05－13]. https://baike. baidu. com/i- tem/％E5％A1％9E％E8％B4％9D％E5％85％8B％E6％95％88％E5％BA％ 94/2771007.

[8] 钱佑华,徐至中. 半导体物理[M]. 北京:高等教育出版社,1999.

[9] 刘恩科,朱秉升,罗晋生. 半导体物理学[M]. 北京:国防工业出版社,1994.

[10] WU J, CHEN Y, HIPPALGAONKAR K. Perspectives on thermoelectricity in lay- ered and 2D materials[J]. Advanced electronic materials, 2018,4(12): 1800248.

[11] WOOD C. Materials for thermoelectric energy conversion[J]. Reports on progress in physics, 1988, 51(4):459.

[12] 季振国. 半导体物理[M]. 杭州:浙江大学出版社,2009.

[13] 王矜奉. 固体物理教程[M]. 济南:山东大学出版社,2013.

[14] GOLDSMID J H. Introduction to thermoelectricity [M]. Berlin: Springer- Verlag,2009.

[15] PEI Y Z,SHI X Y,AARON L L,et al. Convergence of electronic bands for high performance bulk thermoelectric[J]. Nature，2011(473):66.

[16] LIU W, TAN X, YIN K, et al. Convergence of conduction bands as a means of enhancing thermoelectric performance of n-type $Mg_2 Si_{1-x} Sn_x$ solid solutions[J]. Phys-rev lett. , 2012,108(16):166601.

[17] MAHAN G D, SOFO J O. The best thermoelectric[J]. PNAS, 1996(93): 7436—7439.

[18] TAN X, SHAO H, HU T,et al. Theoretical understanding on band engineering of Mn-doped lead chalcogenides PbX(X＝Te, Se, S)[J].J. Phys. (Condens. Matter), 2015(27):95501.

[19] HICKS L D, HARMAN T C, SUN X, et al. Experimental study of the effect of quantum-well structures on the thermoelectric figure of merit[J]. Phys. Rev. B, 1996,53(16): R10493—R10496.

[20] LIN Y M, CRONIN S B, YING J Y, et al. Transport properties of bi nanowire arrays[J]. Appl. Phys. Lett. , 2000, 76(26): 3944.

[21] KOGA T, CRONIN S B, DRESSELHAUS M S, et al. Experimental proof-of-principle investigation of enhanced Z_{3D} T in(001) oriented Si/Ge superlattices[J]. Appl. Phys. Lett. , 2000,77(10): 1490.

[22] RAVICH YU I, EFIMOVA B A, TAMARCHENKO V I. Scattering of current carriers and transport phenomena in lead chalcogenides Ⅱ experiment[J]. Phys. Stat. Sol. B, 1971,43(2): 453—469.

[23] HICKS L D, HARMAN T C, DRESSELHAUS M S. Use of quantum-well superlattices to obtain a high figure of merit from nonconventional thermoelectric materials [J]. Appl. Phys. Lett. , 1993,63(23): 3230.

[24] HICKS L D, DRESSELHAUS M S. Thermoelectric figure of merit of a one-dimensional conductor[J]. Phys. Rev. B,1993,47(24): 16631—16634.

[25] SU K F, LOO S, GUO F, et al. Cubic $AgPb_m SbTe_{2+m}$: bulk thermoelectric materials with high figure of merit[J]. Science, 2004,303(5659): 818—821.

[26] ZHOU J, CHEN Z L, SUN Z M. Hydrothermal synthesis and thermoelectric transport properties of PbTe nanocubes[J]. Mater. Res. Bull. , 2015(61): 404—408.

[27] DANIEL M V, BROMBACHER C, BEDDIES G, et al. Structural properties of thermoelectric $CoSb_3$ Skutterudite thin films prepared by molecular beam deposition [J]. J. Alloys Compd. ,2015(624): 216—225.

[28] MENSCH P, KARG S, SCHMIDT V, et al. One-dimensional behavior and high thermoelectric power factor in thin indium arsenide nanowires[J]. Appl. Phys. Lett. , 2015,106(9): 093101.

[29] WU F, SHI W Y, HU X. Preparation and thermoelectric properties of flower-like nanoparticles of Ce-Doped Bi_2Te_3 [J]. Electronic materials letters, 2015, 11(1): 127 — 132.

[30] LI L J, JIANG J H. High power factor thermoelectric energy harvester based on gradient multilayer quantum dots[J]. Microelectronic engineering, 2016, 16(3):01063.

[31] DRESSELHAUS M S, CHEN G, TANG M, et al. New directions for low-dimensional thermoelectric materials[J]. Adv. Mater. , 2007, 19(8): 1043—1053.

[32] 沈家骏, 方腾, 傅铁铮, 等. 热电材料中的晶格热导[J]. 无机材料学报, 2019, 34(3):25—32.

[33] POHL R O. Lattice vibrations of glasses[J]. Journal of non-crystalline solids, 2006, 352(32): 3363—3367.

[34] FU C G, ZHU T J, LIU Y T, et al. Band engineering of high performance p-type FeNbSb based half-heusler thermoelectric materials for figure of merit ZT>1[J]. Energy & environmental science, 2015, 8(1): 216—220.

[35] WEI P, YANG J, GUO L, et al. Minimum thermal conductivity in weak topological insulators with bismuth-based stack structure[J]. Advanced functional materials, 2016, 26(29): 5360—5367.

[36] RASCHE B, ISAEVA A, RUCK M, et al. Stacked topological insulator built from bismuth-based graphene sheet analogues[J]. Nature materials, 2013, 12(5): 422—425.

[37] CHRISTIAN P, BERTOLD R, KLAUS K, et al. Sub-nanometre-wide electron channels protected by topology[J]. Nature physics, 2015, 11(4): 338—343.

第 2 章　理论基础及计算方法

2.1　研究背景

　　利用计算机模拟材料的力学、结构特性及各种物理特性已经成为物理、计算机、数学、化学、生物等领域的常用手段。随着现代科学技术的不断发展,以及新型研发和应用的不断深入,人们迫切需要穿透复杂混沌的表象,摆脱认知归因偏差,回归事物本质去探索其中的真实联系。而第一性原理计算方法能破解复杂、回归本质,对一系列现象与问题进行收敛。打破知识藩篱,回归事物本质,去思考最基础的要素,从事物本源出发寻求突破口,从而快速、直接地寻找到答案,不致落入窠臼。另外,第一性原理也促使人类疾速创新,带来科技革命。它通过将计算机技术与材料科学相结合,实现对材料两个方面的研究:第一用纯计算的方法完全预测新材料的结构和性能;第二从实验结果出发模拟实验过程,力争从原子尺度深入地解释实验结果,弄清实验结果的微观机制,为更清晰地认识实验现象奠定良好的基础。第一性原理就是基于量子力学的计算方法,一般包括 Hartree Fock 和密度泛函方法,广义的第一性原理应该还包含分子动力学、分子力学、蒙特卡罗等方法,可以用它来研究固体、表面、界面、大分子等诸多实际体系[1-3]。它根据原子核和电子互相作用的原理及其基本运动规律,运用量子力学原理,从具体要求出发,经过一些近似处理后直接求解薛定谔方程,从而得到材料的电子结构、电输运性质、热输运性质等,符合人们的理论研究需求。尽管密度泛函理论在求解原子和分子行为的基本表达式上取得了成效,获得了许多实验结果无法探测到的信息,但由于实际材料往往是多粒子体系,求解困难,这也就导致了各种近似方法的产生。下面简单介绍第一性原理中隐含的 3 个著名的近似,即绝热近似、非相对论近似与单电子近似,通过介绍这些近似来了解密度泛函理论的发展过程;简要介绍密度泛函理论及电子半经典玻尔兹曼理论。本书对材料电子结构和电子输运性质的研究主要基于密度泛函理论的 VASP 和 Wien2K 软件包结合半经典玻尔兹曼理论的 BoltzTraP 完成,热输运性质的计算采用基于简谐近似和准简谐近似的 Phonopy 及基于非谐近似的 Phono3py。

2.2　对多粒子系统的薛定谔方程的近似

第一性原理计算方法也叫从头算(Ab initio)方法。它的基本思想是通过求解薛定谔(Schrodinger)方程来获得系统的电子波函数,进而研究材料的其他性能。这种方法仅需要 5 个基本物理常数,即电子的静止质量 m_0、电子电量 e、普朗克(Plank)常数 h、光速 c 和玻尔兹曼(Boltzmann)常数 k_B,而不需要其他任何经验或拟合的可调参数,就可以应用量子力学原理(Schrodinger 方程)计算出体系的总能量、电子结构等的理论计算方法[4]。

计算电子结构的重要性在于块状材料在力学、热学、电学、磁学和光学等方面的许多基本性质,如振动谱、电导率、热导率、磁有序、光学介电函数、超导等都是由电子结构决定。因此,定量、精确地计算材料的电子结构在解释实验现象、预测材料性能、指导材料设计等方面都具有非常重要的意义和作用,同时也是一个富有挑战性的课题。

量子力学是 20 世纪最伟大的发现之一,它是现代物理学(甚至现代化学)的基石。由海森堡(Heisenberg)建立的矩阵力学和薛定谔(Schrodinger)建立的波动力学是两个等价的理论。量子力学最常见的表述形式是薛定谔的波动力学形式,它的核心是粒子的波函数及其运动方程——薛定谔方程。从原则上讲,对一个给定的微观系统,我们可以从波函数中得到系统的所有信息。因此,第一性原理计算方法的基本思路就是将多个原子构成的体系理解为由原子核和电子组成的多粒子系统,然后求解这个多粒子系统的薛定谔方程组,从而获得描述该体系状态的波函数及相应的本征能量。有了这两个基本物理量,从理论上讲可以推导出系统的所有性质[4]。但实际上,除个别极为简单的情况(如氢分子)外,物体中电子和核的数目通常达到 $10^{24}\ cm^{-3}$ 的数量级,再加上如此多的粒子之间难以描述的相互作用,使得需要求解的薛定谔方程不但数目众多,而且形式复杂,即便利用最先进的计算机也无法求解。正如狄拉克(1929 年)所说:"量子力学的普遍理论业已完成……作为大部分物理学和全部化学之基础的物理定律业已完全知晓,而困难仅在于将这些定律确切应用时将导致方程式过于复杂而难以求解。"[5]因此 Kohn 认为,当系统的电子数目大于 10^3 时,薛定谔方程式的直接求解将是个不能完成的课题,人们必须针对材料的特点作合理的简化和近似[5]。在第一性原理计算中隐含了 3 个基本近似,即非相对论近似、绝热近似与单电子近似。下面对这 3 种近似做简要介绍。

2.2.1　非相对论近似

在构成物质的原子(或分子)中,要使电子绕核附近运动却又不被带异电荷的核俘获,所以必须保持很高的运动速度。根据相对论效应,此时电子的质量 m 不是一个常数,而由电子运动速度 v,光速 c 和电子静止质量 m_0 共同决定:

$$m = m_0 / \sqrt{1 - v^2/c^2} \; 。 \tag{2-1}$$

但第一性原理将电子的质量固定为静止质量 m_0,这只有在非相对论的条件下才能成立。

另外,在确定固体材料处在平衡态的电子结构时,可以认为组成固体的所有粒子(原子核和电子)都在一个不随时间变化的恒定势场中运动,因此哈密顿(Hamilton)算符 $\hat{H}$ 与时间无关,粒子的波函数 Φ 也不含时间变量,使得粒子在空间的概率分布也不随时间变化。此情况类似于经典机械波中的"驻波"。此时,$\hat{H}$ 与 Φ 服从不含时间的薛定谔方程,即定态薛定谔方程,其表达形式为:

$$\hat{H}\Phi = E\Phi \; 。 \tag{2-2}$$

2.2.2　绝热近似

绝热近似又称玻恩-奥本海默(Born-Oppenheimer)近似,是讨论一切固体电子结构的基础。由于组成物质的原子核的质量远比电子的质量大得多,为 $10^3 \sim 10^5$ 倍,因此,电子的运动速度通常会更快,远远大于核的运动速度。这个观点给出了核可以和电子的运动分割开处理的研究思路,说明了电子的运动状态能够快速响应核的运动状态。由于电子能够随绝热的同步离子位置的变化而变化,所以这种物理研究思路使得玻恩和奥本海默两人能够将定态薛定谔方程按照核和电子分开的运动方程改写[6-9]，最终得到多电子体系的薛定谔方程如下：

$$H(r,R) = \sum_i \frac{\hbar^2}{2m_e} \nabla_{r_i}^2 + \frac{1}{2} \sum_{i \neq i'} \frac{e^2}{|r_i - r_{i'}|} - \sum_j \frac{\hbar^2}{2M_j} \nabla_{R_j}^2$$
$$+ \frac{1}{2} \sum_{j \neq j'} \frac{Z^2 e^2}{|r_j - r_{j'}|} - \sum_{i,j} \frac{Ze^2}{|r_i - R_j|} \qquad (2\text{-}3)$$

式中，r 和 R 分别是所有电子和原子核的坐标；M_j 是原子核质量，远远大于电子质量 m_e，方程式的前两项分别是电子的动能、电子和电子之间的库仑相互作用能，后者也是求解薛定谔方程的难点；第 3、第 4、第 5 项分别是原子核的动能、核与核的相互作用能、电子和核的相互作用能。

玻恩-奥本海默近似仅仅是描述分子量子态的基本概念之一，取得了卓有成效的结果。这种近似可以将原子核的运动和电子的运动分开处理。由于玻恩-奥本海默近似的物理基础是基于分子中原子核的质量比电子的质量大得多。这种差异导致原子核的移动比电子慢得多。另外，因为它们带有相反的电荷，施加在原子核和电子中的相互吸引力遵循 Ze^2/r^2。该力导致两种粒子都被加速。由于加速度的大小与质量成反比（$a = f/m$），因此，电子的加速度很大，原子核的加速度很小。这导致它们的速度差远远超过上千倍。因此，一个很好的近似方法是通常认为原子核没有移动，即它们是静止的，来描述分子的电子状态。然而，原子核可以在不同的位置静止，因此即使忽略了它们的运动，电子波函数还是取决于原子核的位置。实际上，在处理实际问题时，很多地方都运用了这种近似。例如，解释花菁染料的电子吸收光谱而没有考虑原子核的运动时，我们已经潜意识在考虑模型时使用这种近似。再如，讨论原子核的平移、旋转和振动等多种运动方式时，没有包括电子运动，也是将核和电子的运动分开处理。对于苯分子，该方法在获得该分子的能级和波函数减轻了体系的复杂程度。除此以外，为了进一步减少变量和维数，在计算化学领域也应用了该近似。

2.2.3　单电子近似

在采用 Born-Oppenheimer 近似后，上述简化的总电子哈密顿量中含有的电子相互作用项 $1/|r_i - r_{i'}|$ 使得变量无法进一步分离。所以在一般情况下，严格求解式（2-3）所示的多电子薛定谔方程是不可能的，还必须做进一步

的简化和近似。这一工作最先由 Hartree 和 Fock 在 1930 年共同完成。他们的主要思想是：对 N 个电子构成的系统，可以将电子之间的相互作用平均化，每个电子都可以看作在由原子核形成的库仑势场与其他 $N-1$ 个电子在该电子所在位置处产生的势场相叠加而成的有效势场中运动，这个有效势场可以由系统中所有电子的贡献自洽决定。于是，每个电子的运动特性就只取决于其他电子的平均密度分布（电子云），而与这些电子的瞬时位置无关[10]，所以其状态可用一个单电子波函数 $\varphi_i(r_i)$ 来表示；由于各单电子波函数的自变量是彼此独立的，所以多电子系统的总波函数 Φ 可写成这 N 个单电子波函数的乘积：

$$\Phi(r) = \varphi_1(r_1)\varphi_2(r_2)\cdots\varphi_N(r_N) \, 。 \tag{2-4}$$

这个近似隐含着一个物理模型，即"独立电子模型"，相当于假定所有电子都相互独立地运动，所以又称为"单电子近似"。不过，电子是费米子，服从费米-狄拉克(Fermi-Dirac)统计，因此，采用式(2-4)描述多电子系统的状态时还需考虑泡利(Pauli)不相容原理所要求的波函数的反对称性，这可以通过多粒子波函数的线性组合来满足。固体物理处理此问题的传统方法是写成 Slater 行列式：

$$\Phi(\{r\}) = \frac{1}{\sqrt{N!}} \begin{vmatrix} \varphi_1(r_1,S_1) & \varphi_1(r_2,S_2) & \cdots & \varphi_1(r_N,S_N) \\ \varphi_2(r_1,S_1) & \varphi_2(r_2,S_2) & \cdots & \varphi_2(r_N,S_N) \\ \vdots & \vdots & \vdots & \vdots \\ \varphi_N(r_1,S_1) & \varphi_N(r_2,S_2) & \cdots & \varphi_N(r_N,S_N) \end{vmatrix} \, 。 \tag{2-5}$$

式中，$\varphi_i(r_j,S_j)$ 是状态为 i 的单电子波函数，其坐标含有第 i 个电子的空间坐标 r_i 和自旋坐标 S_i，并满足正交归一化条件，即：

$$\int \varphi_i^*(x)\varphi_j(x)\,\mathrm{d}x = \delta_{ij} \, 。 \tag{2-6}$$

可以证明，式(2-5)是表示多电子系统量子态的唯一行列式，被称为 Hartree-Fock 近似（单电子近似）[11]。就是说，对于费米子系统，如由电子组成的体系，将波函数的反对称性纳入单电子波函数的表示中，就得到了 Hartree-Fock 近似。将式(2-5)、式(2-6)代入式(2-3)，利用拉格朗日乘子法求总能量对试探单电子波函数的泛函变分，可求出 $\varphi_i(r)$ 满足下列单电子方程：

$$\left[-\frac{\hbar^2}{2m}\nabla^2 + V(r) + \sum_j \int \mathrm{d}^3 r' \, |\varphi_j(r')|^2 \, \frac{e^2}{|r-r'|} \right]\varphi_i(r)$$
$$- \sum_{j,//} \mathrm{d}^3 r' \frac{e^2 \varphi_j^*(r')\varphi_i(r')}{|r-r'|}\varphi_j(r) = \varepsilon_i\varphi_i(r) \qquad 。 \tag{2-7}$$

这就是著名的哈特里-福克方程。式(2-7)左边第 2 项代表所有电子产生的平均库仑相互作用势,它与波函数的对称性无关,称为 Hartree 项,与所考虑的电子状态无关,比较容易处理;左边第 3 项代表与波函数反对称性有关的所谓交换作用势,称为 Fock 项,它与所考虑的电子状态 $\varphi_j(r)$ 有关,所以只能通过迭代自洽法求解,而且在此项中还涉及其他电子态 $\varphi_i(r)$,使得求解 $\varphi_j(r)$ 时仍须处理 N 个电子的联立方程组,计算量非常大,交换势的非定域性是致使这一困难的主要原因。引入有效势的概念,可将 Hartree-Fock 方程改写为:

$$\left[-\frac{\hbar^2}{2m}\nabla^2+V(r)+e^2\int\mathrm{d}^3r'\frac{\rho(r')-\rho_{iHF}(r,r')}{|r-r'|}\right]\varphi_i(r)=\varepsilon_i\varphi_i(r)。\qquad(2\text{-}8)$$

其中,定义了在哈特里近似下由所有占据(occ)单电子波函数表示的 r 点电子数密度:

$$\rho(r)\equiv\sum_i^{\mathrm{occ}}|\varphi_i(r)|^2。\qquad(2\text{-}9)$$

和一个仍然与所考虑的电子状态 φ_i 有关的非定域交换密度分布:

$$\rho_i^{\mathrm{HF}}\equiv\sum_{j,//}^{\mathrm{occ}}\frac{\varphi_i^*(r)\varphi_j(r)}{|\varphi_i(r)|^2}\varphi_j^*(r')\varphi_i(r')。\qquad(2\text{-}10)$$

正是这一非定域的交换密度导致交换势的非定域特征。由于 ρ_i^{HF} 仍与 ψ_i 有关。式(2-8)所面临的困难与式(2-7)是相同的,严格求 Hartree-Fock 方程仍涉及 N 个联立方程组。Slater 首先指出,可以采用对 ρ_i^{HF} 取平均的方法来解决这一困难:

$$\begin{aligned}\rho_{av}^{\mathrm{HF}}(r,r')&\equiv\sum_i|\varphi_i(r)|^2\rho_i^{\mathrm{HF}}(r,r')\Big/\sum_i|\varphi_i(r)|^2\\&=\sum_{ij,//}^{\mathrm{occ}}\varphi_j^*(r')\varphi_i(r')\varphi_i^*(r)\varphi_j(r)\Big/\sum_i|\varphi_i(r)|^2\end{aligned}\qquad(2\text{-}11)$$

这样 Hartree-Fock 方程被进一步简化为单电子薛定谔方程:

$$\left[-\frac{\hbar^2}{2m}\nabla^2+V(r)+V_c(r)+V_{ex}(r)\right]\varphi_i(r)=\varepsilon_i\varphi_i(r)。\qquad(2\text{-}12)$$

其中,$V_c(r)\equiv\int\mathrm{d}^3r'\rho(r')\dfrac{e^2}{|r-r'|}$ 代表单电子所感受到的体系中所有电子产生的平均库仑势场,而 $V_{ex}(r)$ 则是由 ρ_{av}^{HF} 决定的一个定域交换势,$V_{ex}(r)\equiv-\int\mathrm{d}^3r'\rho_{av}^{\mathrm{HF}}(r,r')\dfrac{e^2}{|r-r'|}$,这时描述多电子系统的 Hartree-Fock

方程简化为式(2-13)的单电子有效势方程：

$$\left[-\frac{\hbar^2}{2m}\nabla^2 + V_{\text{eff}}(r)\right]\varphi_i(r) = \varepsilon_i\varphi_i(r)$$

$$V_{\text{eff}}(r) = V(r) + V_c(r) + V_{ex}(r)$$

(2-13)

这就是传统固体物理学中单电子近似的来源，它是建立在 Hartree-Fock 方程基础上的一种近似。需要说明的是，Hartree-Fock 方程中的 ε_i 只是拉格朗日乘子，并不直接具有单电子能量本征值的意义，即所有 ε_i 之和并不等于体系的总能量[12]。不过库斯曼斯定理表明：在多电子系统中移走第 i 个电子的同时其他电子的状态保持不变的前提下，ε_i 等于电子从一个状态转移到另外一个状态所需的能量，因此，也等于材料中与给定电子态对应的电离能。这也是能带理论中单电子能级概念的来源。作为此定理的一个推论是，将一个电子从 i 态移至 j 态所需能量自然为（$\varepsilon_j - \varepsilon_i$），表明固体中能带在原则上可由 Hartree-Fock 方程确定并通过库斯曼斯定理做出能带的物理解释。建立在 Hartree-Fock 方程与库斯曼斯定理基础上的能带理论仍存在缺陷和不足之处。实际上，当一个电子状态发生变化时，很难说总是保持其他（$N-1$）个电子的状态不变，因此库斯曼斯定理的成立是有条件的。实际计算表明：对于碱金属原子它是一个很好的近似，而对于其他原子（如氦等）则可能产生较大的误差。另外一个严重的缺陷是，Hartree-Fock 方程只涉及了电子间的交换作用，完全忽略了自旋反平行电子之间的相关能，这是 Hartree-Fock 方程作为单电子近似（能带论）的理论基础的本质性欠缺，所以也称为无约束 Hartree-Fock 方程。对有磁性系统，自旋相反的两组波函数间不需要全同（反对称），也不需要正交。通常将被无约束 Hartree-Fock 方程忽略的部分称为电子关联作用项。引入电子关联作用项修正以后，根据数学完备集理论，体系的状态波函数应该是无限个 Slater 行列式波函数的线性组合，即若把式(2-5)中的单个行列式波函数记为 D_p，则：

$$\Phi = \sum_p C_p D_p$$

(2-14)

理论上，只要 Slater 行列式波函数足够多，则通过变分处理，一定能得到绝热近似下的任意精确的波函数和能级。这种方法即为组态相互作用（Configuration Interaction，CI），它最大的优点是计算结果的精确性，是严格意义上的从头算（Ab-initio）。但它也存在难以克服的困难，就是其计算量随着电子数的增多呈指数增加。这对计算机的内存大小和 CPU 的运算速度有非常苛刻的要求,因此,多用于计算只含少量轻元素原子(如 C、H、O、N 等)的化学分子系统,而对于具有较多电子数(如含有过渡元素或重金属元素)系统的计算则几乎不太实用,在很大程度上这也是导致密度泛函理论(Density Functional Theory,DFT)产生的驱动力。实际上,如前所述,由于 Hartree-Fock 近似本身忽略了多粒子系统中的关联相互作用,实际应用时往往要做一定的修正,所以它不能认为是从相互作用的多粒子系统证明单电子近似的严格理论依据。单电子近似的近代理论基础是在密度泛函基础上发展起来的。建立在霍亨伯格-孔恩定理(Hohenber-Kohn)基础上的 DFT[13],以及随后提出的孔恩-沈吕九(Kohn-Sham)[14]方程将相互作用多体系统的基态问题严格地转化为在有效势中运动的独立电子基态问题,从而给出了单电子近似的严格理论基础。在这层意义上,也可以将第一性原理计算方法定义为基于 Hartree-Fock 近似或DFT 的计算方法。

2.3　密度泛函理论

密度泛函理论(DFT)是用密度泛函描述和确定体系的性质而不依靠体系的波函数。量子力学理论建立之初,托马斯(Thomas)和费米(Fermi)就提出了均匀自由电子气模型,即电子不受外力、彼此之间无相互作用,体系动能是电子密度的函数,即托马斯-费米(Thomas-Fermi)模型[15-16]。在 Thomas-Fermi 模型中,没有考虑电子之间的交换和相互作用。该模型首次用电子密度代替波函数来描述多电子体系的量子力学性质。

2.3.1　托马斯-费米模型

1927 年,Thomas 和 Fermi 提出了均匀自由电子气模型,即电子不受外力,彼此之间也无相互作用,体系动能是电子密度的函数,即托马斯-费米模型(Thomas-Fermi)。这时,电子运动的 Schrodinger 方程就成为最简单的波动方程:

$$-\frac{\hbar^2}{2m}\nabla^2\psi(r)=E\psi(r) \text{。}$$

(2-15)

方程的解为:

$$\psi_k(r) = \frac{1}{\sqrt{V}} \exp(ik \cdot r) \ 。 \tag{2-16}$$

考虑 0 K 下电子在能级上的排布情况：

$$\rho = \frac{1}{3\pi^2} \left(\frac{2m}{\hbar^2}\right)^{3/2} E_F^{3/2} \ 。 \tag{2-17}$$

和单个电子的动能（因为是自由电子，因此也就是其总能量）$T_e = 3E_F/5$，其中 E_F 是体系的费米能，则体系的动能密度 $t(\rho) = \rho T_e = \frac{3}{5} \frac{\hbar^2}{2m} (3\pi^2)^{\frac{2}{3}} \rho^{\frac{5}{3}} = C_k \rho^{\frac{5}{3}}$。考虑到原子核等因素产生的外场 $V(r)$ 和电子间的经典库仑相互作用，可以得到电子体系的总能量：

$$E_{TF}[\rho] = C_k \int \rho^{\frac{5}{3}} \, dr + \int \rho(r) v(r) \, dr + \frac{1}{2} \int \frac{\rho(r)\rho(r')}{|r-r'|} \, dr \, dr' \ 。 \tag{2-18}$$

这样，能量被表示为仅取决于电子密度函数 $\rho(r)$ 的函数，称为电子密度的泛函（Density Functional），密度泛函理论由此得名。Hohenberg 和 Kohn 也正是在研究这一模型的时候受到启发，开创了密度泛函理论。但是，Thomas-Fermi 模型是一个比较粗糙的模型，它以均匀电子气的密度得到动能的表达式，忽略了电子间的交换相关作用，因此很少直接使用。1930 年，Dirac 在此模型上加入了电子之间的交换相互作用局域近似[17]，给出了在外势 $V_{ext}(r)$ 中电子的能量泛函表达式：

$$E_{TF}(n) = C_1 \int d^3r \, n^{5/3}(r) + \int d^3r V_{ext}(r) n(r) + \int d^3r \, n^{4/3}(r) + \frac{1}{2} \int d^3r \, d^3r' \frac{n(r)n(r')}{|r-r'|} \ 。$$
$$\tag{2-19}$$

其中，第 1 项是动能的局域近似表达式；第 2 项是外作用势能；第 3 项是交换相互作用；第 4 项是经典的静电作用能。通过寻求最低的能量 $E(n)$，可以得到基态的电子密度。Thomas-Fermi-Dirac 理论是一个过于简单的模型[18]，对于描述原子、分子和固体的性质没有太大的实际意义，因此并没有得到广泛的应用。

1964 年，霍亨伯格（Hohenberg）和孔恩（Kohn）在这个模型的基础上，打破其能量泛函形式的束缚，创立严格的密度泛函理论。

2.3.2 霍亨伯格–孔恩定理

和 Hartree-Fock 方法一样，密度泛函理论也引入了 3 个近似，即非相对论近似、Born-Oppenheimer 绝热近似和单电子近似。对于 Hartree-Fock 方法中引入误差最大的单电子近似,密度泛函方法采用了各种方法减小误差。而对于相对论效应,密度泛函方法也采用了赝势基组等方法给予部分修正。在这 3 个近似的前提下,密度泛函理论的基本原理是严格的,和 Hartree-Fock 方法不同,它至少在原则上可以获得任意高的精度。

严格的密度泛函数理论是建立在 1964 年 Hohenberg 和 Kohn 提出的关于非均匀电子气模型的基础上[13],它可以归结为以下两个基本定理。

定理一:不计自旋的全同费米子系统的基态能量是粒子数密度 $\rho(r)$ 的唯一泛函;

定理二:能量泛函数 $E(\rho)$ 在粒子数不变的条件下,对正确的粒子数密度函数 $\rho(r)$ 取极小值,等于基态能量。

这里所处理的基态是非简并的,不计自旋的全同费米子(这里指电子)系统的哈密顿量为:

$$H = T + V + U。 \tag{2-20}$$

其中,电子动能项 T 为:

$$T = \int dr \bigtriangledown \psi^+ (r) \bigtriangledown \psi(r) 。 \tag{2-21}$$

电子相互作用势 U 为:

$$U = \frac{1}{2} \int dr \, dr' \frac{\psi^+ (r) \psi^+ (r') \psi(r) \psi(r')}{|r - r'|} 。 \tag{2-22}$$

外势 V 为:

$$V = \int dr v(r) \psi^+ (r) \psi(r) 。 \tag{2-23}$$

这里的 $\psi^+ (r)$ 和 $\psi(r)$ 分别表示在 r 处产生和湮灭一个粒子的费米场算符。

定理一的核心是:粒子数密度函数 $\rho(r)$ 是一个决定基态物理性质的基本变量。粒子数密度函数定义为:

$$\rho(r) = \langle \Phi | \psi^+ (r) \psi(r) | \Phi \rangle 。 \tag{2-24}$$

其中,Φ 是基态波函数。根据定理一的内容,能量泛函公式可表示为:

$$E(\rho) = T(\rho) + V_{ne}(\rho) + V_{ee}(\rho) = \int dr \rho(r) v(r) + F_{HK}(\rho) , \tag{2-25}$$

其中,

$$F_{HK}(\rho) = T(\rho) + \frac{1}{2} \int dr \, dr' \frac{\rho(r) \rho(r')}{|r - r'|} + E_{xc}(\rho) 。 \tag{2-26}$$

式中,泛函 $F_{HK}[\rho]$ 中的第 1 项和第 2 项可分别与无相互作用的粒子模型的动能项和经典的库伦势能项对应;第 3 项 $E_{xc}(\rho)$ 成为交换关联相互作用,代表了所有未包含在无相互作用模型中的相互作用非经典项。$E_{cc}(\rho)$ 也是 ρ 的泛函,是未知项。

定理二的要点是:在粒子数不变的条件下能量泛函对粒子泛函的变分就得到系统基态的能量 $E_G(\rho)$。

上述 Hohenberg-Kohn 定理说明,粒子数密度泛函是确定多粒子系统基态物理量的基本变量,以及能量泛函对粒子数密度函数的变分是确定系统基态的方法[15-18]。

2.3.3　科恩–沈吕九方程

有了上述两个定理,剩下的问题就是能量泛函的具体表述形式了。式(2-20)中 T 和 U 的具体形式是未知的。Kohn 和 Sham 在 1965 年提出了 Kohn-sham 方程[19],通过提取 T 和 U 中的主要部分,把其余次要部分合并为一个交换相关项,从理论上解决了这一问题。他们引进了一个与相互作用的 N 个电子体系有相同电子密度的假想的非相互作用 N 电子体系作为参照体系 R。因为电子之间无相互作用,因此其哈密顿量、基态波函数和动能算符都可以写成简单的形式:

$$H_R = -\frac{1}{2}\nabla^2 + V_R(r) = \sum_{i=1}^{N}\left[-\frac{1}{2}\nabla_i^2 + V_{Ri}(r_i)\right]。 \qquad (2\text{-}27)$$

$$\psi_R(r) = \frac{1}{N!}\,|\,\varphi_i(r_1)\varphi_i(r_2)\cdots\cdots\varphi_N(r_N)\,|\,[\varphi_N(r_N) \text{ 被称为 KS 轨道}]$$

$$T_R = -\frac{1}{2}\sum_{i=1}^{N}\int \mathrm{d}^3\varphi_i^*(r)\nabla^2\varphi_i(r)。 \qquad (2\text{-}28)$$

真实体系的电子总能量 $E = T + V + U$,T、U 和 V 分别是电子动能、外势能和电子相互作用能。取电子互作用能为 $E_{xc} = (T - T_R) + U - \frac{1}{2}\int\frac{\rho(r)\rho(r')}{r-r'}\mathrm{d}r\mathrm{d}r'$,则电子总能量

$$
\begin{aligned}
E(\rho) &= T_R + V + \frac{1}{2}\int\frac{\rho(r)\rho(r')}{r-r'}\mathrm{d}r\mathrm{d}r' + E_{xc}\\
&= T_R + \int\rho(r)v(r)\mathrm{d}r + \frac{1}{2}\int\frac{\rho(r)\rho(r')}{r-r'}\mathrm{d}r\mathrm{d}r' + \int\rho(r)\varepsilon_{xc}[\rho]\mathrm{d}r。
\end{aligned}
$$

$$(2\text{-}29)$$

由约束条件 $\int \rho\,(r)\mathrm{d}r = N$，根据变分 $\dfrac{\delta\left[E - \varepsilon_i \int \rho(r)\mathrm{d}r\right]}{\delta\varphi_i} = \dfrac{\delta\left[E - \varepsilon_i \int \rho(r)\mathrm{d}r\right]}{\delta\rho} \times$

$\dfrac{\delta\rho}{\delta\varphi_i} = 0$，利用式 (2-29) 中的展开式计算上式的左边，计算时除了 $\dfrac{\delta(T_R)}{\delta\varphi_i} =$

$-\dfrac{1}{2}\nabla^2\varphi_i(r)$，其他均用变分的链法则，由 $\rho(r) = \sum\limits_{i=1}^{N}|\varphi_i(r)|^2 \Rightarrow \dfrac{\delta\rho}{\delta\varphi_i} = \varphi_i$，

即可得到：

$$\left[-\frac{1}{2}\nabla^2 + v(r) + \int \frac{\rho(r')}{|r - r'|}\mathrm{d}r' + v_{xc}[\rho]\right]\varphi_i = \varepsilon_i\varphi_i \text{。} \qquad (2\text{-}30)$$

式 (2-30) 左端方括号中的后 3 项统一叫有效势 v_{eff}。其中 $v_{xc}[\rho] = \delta\int\varepsilon_{xc}[\rho]\rho(r)\mathrm{d}r/\delta\rho$ 是交换相关势能密度。式 (2-30) 为著名的 Kohn-Sham (KS) 方程。在 KS 方程中，有效势 v_{eff} 由电子密度决定，而电子密度又由 KS 方程的本征函数 (KS 轨道) 求得，所以我们需要自洽求解 KS 方程。这种自洽求解过程通常被称为自洽场 (SCF) 方法。当得到一个自洽收敛的电荷密度 ρ_0 后，就可以得到系统的总能：

$$E_0 = \sum_{i}^{N}\varepsilon_i - \frac{1}{2}\int\frac{\rho_0(r)\rho_0(r')}{|r - r'|}\mathrm{d}r\,\mathrm{d}r' - \int\rho_0(r)\varepsilon_{xc}(r)\mathrm{d}r + E_{xc}[\rho_0] \text{。}$$

$$(2\text{-}31)$$

关于 KS 轨道及其本征值的意义，Stowasser 和 Hoffmann[20]给出了很好的解释。从得到 KS 方程的过程可以看出，KS 本征值和 KS 轨道都只是一个辅助量，本身没有直接的物理意义。一般来说，相比 HF 轨道，KS 轨道的占据轨道能量偏高，非占据能量偏低，给出相对较小的能隙。唯一的例外是最高占据 KS 轨道的本征值。如果用 $\varepsilon_N(M)$ 表示 N 电子体系的第 M 个 KS 本征值，那么可以证明 $\varepsilon_N(M) = -I_P$ 和 $\varepsilon_{N+1}(N+1) = -E_A$，其中 I_P 和 E_A 分别是 N 电子体系的电离能和电子亲和能。

但由于目前实际使用的泛函形式的渐近行为很差，往往给出高达 5 eV 的单电子能量的虚假上移，因此，一般不能直接使用这一结论来计算 I_P 和 E_A。另外，从实用角度来说，KS 本征值和 KS 轨道已经是体系真实单粒子能级和波函数的很好近似，与 HF 轨道和扩展的 Huckel 轨道相比，形状和对称性都非常相近，占据轨道的能量顺序也基本一致。对某些合适的交换相关近似 (如杂化密度泛函)，基于 KS 本征值的能带结构带隙都能与实验符合。

2.4　交换关联泛函

从前面的讨论看出,通过 Kohn-Sham 方程可将多电子问题转化为有效的单电子问题。这种计算方案与 Hartree-Fock 近似是相似的,但其理解比后者更简单、更严密,但是必须找到精确的交换相关泛函 V_{xc},便于表达形式有实际意义。因此,密度泛函的实际意义在于如何选择交换关联泛函 V_{xc},并且 V_{xc} 在密度泛函理论中占有重要地位。下面是常用的交换相关能量的近似方法。

2.4.1　局域密度近似泛函

Kohn 和 Sham 提出的交换关联泛函局域密度近似是一个简单可行而又富有实效的近似。其基本想法是利用均匀电子气密度函数 $\rho(r)$ 来得到非均匀电子气的交换关联函数。如果对一个变化平坦的密度函数,可以在每一处用一均匀电子气的交换关联能密度 $\varepsilon_{xc}(\rho,r)$ 代替非均匀电子气的交换关联能密度,这就是局域密度近似(Local Density Approximation,LDA),即交换泛函仅和局域的电荷密度有关,而与密度的变化没有关系。在局域密度近似下,交换相关能量可以写为:

$$E_{xc}^{\mathrm{LDA}}[\rho] = \int \rho(r)\varepsilon_{xc}[\rho(r)]\mathrm{d}r。 \tag{2-32}$$

推广到自旋情况的局域自旋密度近似(LSDA)则如式(2-33):

$$E_{xc}^{\mathrm{LSDA}}[\rho_\alpha,\rho_\beta] = \int \rho(r)\varepsilon_{xc}[\rho_\alpha(r)\rho_\beta(r)]\mathrm{d}r。 \tag{2-33}$$

这里 ε_{xc} 是 ρ 的一般"函数",而不是 KS 方程中的"泛函"了。比较常用的是由 Slater 交换泛函和 VWN 相关泛函组合得到的 SVWN 交换泛函。

LDA 方法虽然形式简单,但由于实际计算中的加和效应和平均效应[21],因此 LDA 对许多体系都能给出很好的结果。在共价键、离子键或金属键结合的体系中,LDA 可以很好地预计分子的几何构型,对键长、键角、振动频率等也都可以给出很好的结果。正是由于 LDA 的简单实用性,推动了密度泛函理论的广泛应用。但是,LDA 方法普遍过高地估计结合能,特别是对于结合较弱的体系,过高的结合力使得键长过短,误差较大。

2.4.2　广义梯度近似泛函

在 LDA 基础上的一个自然的改进,就是引入电荷密度的梯度,以考虑电荷分布的不均匀性。其中最常用的就是广义梯度近似(Generalized Gradient Approximation,GGA)。在 GGA 下,交换相关能是电子(自旋)密度及其梯度的泛函,即 $E_{xc}^{\mathrm{GGA}} = \int f_{xc}[\rho_\alpha(r), \rho_\beta(r), \nabla\rho_\alpha(r)\nabla\rho_\beta(r)]\mathrm{d}r$,通常也是将 E_{xc} 分为交换 E_x 和相关 E_c 两个部分,分别寻找合适的泛函。

构造 GGA 交换相关泛函的方法分为两个流派。一个以 Becke 为首,他们认为“一切都是合法的”,人们可以以任何理由选择任何可能的泛函形式,而这种形式的好坏是由实际计算来决定。通常情况下,这样的泛函的参数是由拟合大量的计算数据而得到;另外一个流派是以 Perdew 为首的,他们认为发展交换相关泛函必须以一定的物理规律为基础,这些规律包括标度关系、渐近行为等,基于这种理念构造的一个著名的 GGA 泛函是 PBE 泛函[22],也是现在应用最广的 GGA 泛函之一。不同的 LDA 方案之间大同小异,但不同的 GGA 泛函方案可能给出完全不同的结果。Filippi[23]等通过考察一个简谐外势中两个相互作用的电子对早期的一些 LDA 和 GGA 泛函做了一个详细的比较。

总体来说,GGA 比 LDA 在能量计算方面有了很大的提高,对键长、键角的计算也更加准确。H_2O 团簇等体系中氢键的处理也有了明显的改善,其中 PBE 和 BLYP 很符合。但是 GGA 也并不总是优于 LDA,如对半导体的计算、贵金属的晶格常数等。另外,GGA 在 $r \to \infty$ 时的渐近行为也和 LDA 一样不是 $-1/r$,而是指数下降。

2.4.3　LDA(GGA)＋U 方法

LDA 和 GGA 的发展使得密度泛函理论得到了广泛的应用,但是对于一些特殊的材料,如过渡金属氧化物及稀土元素和它们的化合物等一系列强关联系统,LDA 和 GGA 并不能给出正确的计算结果,因此,在这种情况下,人们对它进行了扩展。最简单的方法就是在原来的 LDA(GGA)能量泛函中加入一个 Hubbard 参数 U 的对应项,即所谓的 LDA(GGA)+U 方法[24]。LDA(GGA)+U 方法可以成功地描述一些强关联体系中的电子结构计算[25]。

2.4.4　杂化密度泛函(Hydrid Density Functional)

从前面的介绍我们已经了解到 Hartree-Fock 方法可以给出精确的交换能,而这正是密度泛函方法所缺少的。因此,为了提高计算精度,人们引进了杂化密度泛函方法,把交换能表示为 Hartree-Fock 方法和密度泛函方法的交换能的线性组合,这样构造的交换相关能量泛函要比密度泛函方法的交换相关能量泛函更加精确。现在较为著名的杂化泛函为 B3LYP 泛函。杂化泛函很少应用于固体物理中,然而近来随着计算技术和软件的发展,杂化泛函方法也日益得到人们的重视。

2.5　电子 Boltzmann 输运理论

玻尔兹曼方程通过引入分布函数将能带结构、外场作用及碰撞作用联系起来,成为研究固体电子输运性质的理论基础。电子 Boltzmann 输运理论能够获得真实材料的输运性能,如电导率、电阻、塞贝克系数、载流子浓度、霍尔系数、电子热导率、电子比热等物理量。当存在电场、磁场和温度梯度时,电流和电导张量的关系式可以表达为如式(2-34)所示形式[26-27]:

$$j_i = \sigma_{ij} E_j + \sigma_{ijk} E_j B_k + v_{ij} \nabla_j T + \cdots, \tag{2-34}$$

输运系数最终的表达式为:

$$\sigma_{\alpha\beta} = \frac{e^2}{N} \sum_{i,k} \tau v_\alpha(i,k) \frac{\delta(\varepsilon - \varepsilon_{i,k})}{d\varepsilon}, \tag{2-35}$$

$$\sigma_{\alpha\beta}(T;\mu) = \frac{1}{\Omega} \int \sigma_{\alpha\beta}(\varepsilon) \left[-\frac{\partial f_\mu(T;\varepsilon)}{\partial \varepsilon} \right] d\varepsilon, \tag{2-36}$$

$$v_{\alpha\beta}(T;\mu) = \frac{1}{\Omega} \int \sigma_{\alpha\beta}(\varepsilon)(\varepsilon - \mu) \left[-\frac{\partial f_\mu(T;\varepsilon)}{\partial \varepsilon} \right] d\varepsilon, \tag{2-37}$$

$$\kappa_{\alpha\beta}^0(T;\mu) = \frac{1}{\Omega} \int \sigma_{\alpha\beta}(\varepsilon)(\varepsilon - \mu) \left[-\frac{\partial f_\mu(T;\varepsilon)}{\partial \varepsilon} \right] d\varepsilon, \tag{2-38}$$

$$\sigma_{\alpha\beta\gamma}(T;\mu) = \frac{1}{\Omega} \int \sigma_{\alpha\beta\gamma}(\varepsilon) \left[-\frac{\partial f_\mu(T;\varepsilon)}{\partial \varepsilon} \right] d\varepsilon 。 \tag{2-39}$$

以上是电导、群速度、电子热导的表达式,有了式(2-35)至式(2-39),塞贝克系数和霍尔系数可以被表达为:

$$S_{i,j} = E_i (\nabla_j T)^{-1} = (\sigma^{-1})_{ai} v_{aj} , \qquad (2\text{-}40)$$

$$R_{i,j,k} = \frac{E_j^{ind}}{j_i^{appl} B_k^{appl}} = (\sigma^{-1})_{aj} \sigma_{\alpha\beta k} (\sigma^{-1})_{i\beta} 。 \qquad (2\text{-}41)$$

以上计算都是在假定弛豫时间近似的基础上进行的,且弛豫时间是各向同性的。

2.6　本文采用的计算软件

本文中的第一性原理计算采用的是基于密度泛函理论的 VASP(Vienna Ab-initio Simulation Package)和 WIEN2K 软件包[28]。电子输运性质的计算采用的是基于半经典玻尔兹曼理论的 BoltzTrap,声子输运性质的计算采用基于简谐近似和准简谐近似的 Phonopy 及基于非谐近似的 Phono3py。

2.6.1　VASP 软件包

VASP 是用于原子级材料建模的计算机程序,主要用于第一性原理的电子结构和从头计算量子力学的分子动力学计算。VASP 是通过使用赝势和平面波基组近似求解薛定谔方程得到体系的电子态和能量的密度泛函理论的软件包[28-30],材料性质(力学、光学、晶格动力学等)通过在 VASP 执行 4 个输入文件:INCAR、POSCAR、POTCAR 和 KPOINTS 及脚本文件计算后得到。随着计算机技术的迅猛发展,计算材料研究也得到了快速发展,因此,VASP 也已经成为众多领域理论研究者进行模拟计算最常用的软件之一[31]。

2.6.2　WIEN2K 软件包

WIEN2K 软件包是基于密度泛函理论更精确地获得固体材料的电子结构[32]。考虑了全电子方案的基于全势线性化增广平面波(LAPW)＋局部轨道(LO)方法,是计算能带结构最精确的方案之一。WIEN2K 可以计算出材料的许多特性,从基本的特性(如电子能带结构或原子结构优化)到更特殊的特性(如核磁共振屏蔽张量或自旋极化铁磁性和反铁磁性)。本书主要使用 WIEN2K 软件对各个体系进行自洽及电子结构的计算,进而通过 BoltzTraP 计算获得电输运性质。

2.6.3 Phonopy

Phonopy 是由日本 Atsushi Togo 基于 Python 语言开发的开源软件包[33]。Phonopy 主要用来计算声子谱,可实现对晶体结构的声子分析。声子谱的计算主要通过有限位移法和密度泛函微扰理论(DFPT)。有限位移法需要构造多个原子位移文件,然后用 Phonopy 等软件对受力信息进行处理,需要耗费大量计算资源,然而利用结构对称性产生所有不等价位移结构的 DFPT,很大程度上可以降低计算成本,获得比较准确的声子性质。通过在 VASP 中执行 Phonopy 程序,能够很好地获得声子谱、声子态密度和各种热力学性质,如自由能、热容等。本书采用 DFPT 获得声子谱和声子态密度。

2.6.4 Phono3py

Phono3py 是利用超元胞方法计算晶体中声子-声子相互作用,考虑了声子非谐性三阶力常数,可以较好地获得晶格热导率及其他相关性质的开源软件包,是由日本 Atsushi Togo 开发[34]。Phono3py 已经成功地预测了许多材料的晶格热导率[35-36]。晶格热导率利用单模弛豫时间(SMRT)求解线性化的声子玻耳兹曼方程获得[34]。在 SMRT 下求解时,晶格热导张量可以写成封闭形式[37]:

$$\kappa = \frac{1}{NV_0} \sum_{\lambda} C_{\lambda} v_{\lambda} \otimes v_{\lambda} \tau_{\lambda}^{\text{SMRT}} \,。 \tag{2-42}$$

其中,V_0 是晶胞的体积;v_{λ} 和 $\tau_{\lambda}^{\text{SMRT}}$ 分别是声子模 λ 的群速度和 SMRT;C_{λ} 是与声子模有关的热容:

$$C_{\lambda} = k_B \left(\frac{\hbar \omega_{\lambda}}{k_B T} \right)^2 \frac{\exp(\hbar \omega_{\lambda}/k_B T)}{\left[\exp(\hbar \omega_{\lambda}/k_B T) - 1 \right]^2} \,。 \tag{2-43}$$

群速度可以直接从特征值方程获得:

$$v_\alpha(\lambda) \equiv \frac{\partial \omega_\lambda}{\partial q_\alpha} = \frac{1}{2\omega_\lambda} \sum_{\kappa' \beta \gamma} W_\beta(\kappa,\lambda) \frac{\partial D_{\beta\gamma}(\kappa\kappa',q)}{\partial q_\alpha} W_\gamma(\kappa',\lambda) \, 。 \quad (2\text{-}44)$$

而单模弛豫时间 $\tau_\lambda^{\text{SMRT}}$ 可以通过声子寿命 τ_λ 来近似,它是声子线宽 $2\Gamma_\lambda(\omega_\lambda)$ 的倒数:

$$\tau_\lambda^{\text{SMTRT}} = \tau_\lambda = \frac{1}{2\Gamma_\lambda(\omega_\lambda)} \, 。 \quad (2\text{-}45)$$

Phono3py 的功能和 ShengBTE 类似,主要是计算晶格热导率,同时可以获得声子寿命、声子群速度、格林艾森常数、累积热导率等热输运性质。

参考文献

［1］周志敏,孙本哲. 计算材料科学数理模型及计算机模拟［M］. 北京:科学出版社,2013.

［2］谭文锋,徐耀玲.材料力学简明教程［M］. 北京:科学出版社,2011.

［3］江建军,缪玲,梁培,等. 计算材料学:设计实践方法［M］. 北京:高等教育出版社,2010.

［4］PARR R G,YANG W. Density functional theory of atoms and molecules［M］. New York:Oxford Press,1989.

［5］KOHN W. Nobel lecture:electronic structure of matter:wave functions and density-functionals［J］Rev. Mod. Phys. B,1999(71):1253.

［6］PISANA S,LAZZERI M,CASIRAGHI C,et al. Breakdown of the adiabatic born-oppenheimer approximation in graphene［J］. Nature materials,2007,6(3):198−201.

［7］KÖUPPEL H,DOMCKE W,CEDERBAUM L S. Multimode molecular dynamics beyond the Born-oppenheimer approximation［J］. Advances in chemical physics,1984 (59):246.

［8］HANDY N C,YAMAGUCHI Y,SCHAEFER H F. The diagonal correction to the born-oppenheimer approximation:its effect on the singlet-triplet splitting of CH_2 and other molecular effects［J］. The journal of chemical physics,1986,84(8):4481−4484.

［9］BORN M,HUANG K. Dynamical theory of crystal lattices［M］. New York:Oxford Universities Press,1954.

［10］HARTREE D R. The wave mechanics of an atom with a non-coulomb central field［J］. Proc. Camb. Phil. Soc. ,1928(24):89.

［11］LEVY M. Electron densities in search of Hamiltonians［J］. Phys. Rev. A,1982

(26):1200.

[12] 阎守胜. 固体物理基础[M]. 3 版. 北京:北京大学出版社,2011.

[13] HOHENBER P, KOHN W. Inhomogeneous electron gas[J]. Phys. Rev. , 1964 (136):864.

[14] KOHN W, SHAM L J. Self-consistent equations including exchange and correlation effects[J]. Phys. Rev. , 1965(140): 1133.

[15] THOMAS L H. The calculation of atomic fields[J]. Proc. Cambridge Philos. Soc. , 1927(23): 542.

[16] FERMI E. Eine statistische methode zur bestimmung einiger eigenschaften des atoms und ihre anwendung auf die theorie desperiodischen systems der elemente [J]. Zeitschrift für physik,1928(48):73.

[17] DIRAC P A M. Note on exchange phenomena in the thomas atom[J]. M. Proc. Camb. Phil. Soc. , 1930(26):376.

[18] LATTER R. Atomic Energy levels for the thomas-fermi and thomas-fermi-dirac potential[J]. Phys. Rev. , 1955(99): 510.

[19] KOHN W,SHAM L J. Self-consistent equations including exchange and correlation effects[J]. Phys. Rev. , 1965(140): 1133.

[20] STOWASSER R, HOFFMANN R. What do the kohn-sham orbitals and eigenvalues mean? [J]. J. Am. Chem. Soc. , 1999(121): 3414.

[21] MARTIN R M. Electronic structure: basic theory and practical methods[M]. Cambridge:Cambridge University Press,2004.

[22] PERDEW J P, BURKE K, ERNZERHOF M. Generalized gradient approximation made simple[J]. Phys. Rev. Lett. , 1996(77): 3865.

[23] FILIPPI C, UMRIGAR C J, TAUT M. Comparison of exact and approximate density functionals for an exactly soluble model[J]. Chem. Phys. ,1994(100):1290 .

[24] ANISIMOV V I, ZAANEN J, ANDERSN O K. Band theory and mott insulators: hubbard U instead of stoner Ⅰ[J]Phys. Rev. B,1991(44):943.

[25] ANISIMOV V I, KOROTIN M A, NEKRASOV I A, et al. The role of transition metal impurities and oxygen vacancies in the formation of ferromagnetism in Co-doped TiO_2[J]. J. Phys. : condens matter, 2006(18): 1695.

[26] MADSEN G K H, SINGH D J. A code for calculating band-structure dependent quantities[J]. Computer physics communications, 2006,175(1): 67−71.

[27] MIYATA M, OZAKI T, TAKEUCHI T, et al. High-throughput screening of sulfide thermoelectric materials using electron transport calculations with Open MX and Boltz TraP[J]. Journal of electronic materials, 2018,47(6): 3254−3259.

[28] VASP. The vienna ab initio simulation package: atomic scale materials modelling from first principles[EB/OL]. [2020-12-15]. https://www. vasp. at.

[29] KRESSE G, FURTHMULLER J. Efficient iterative schemes for ab initio total-energy calculations using a plane-wave basis set [J]. Physical review B, 1996(54): 11169-11186.

[30] KRESSE G, FURTHMULLER J. Efficiency of ab-initio total energy calculations for metals and semiconductors using a plane-wave basis set [J]. Computational materials science, 1996(6): 15-50.

[31] KOELLING D D, HARMON B N. A technique for relativistic spin-polarised calculations[J]. Journal of physics C solid state physics, 1977(10): 3107-3114.

[32] BLAHA P K S, SCHWARZ K, MADSEN G, et al. WIEN2K: an augmented plane waveplus local orbitals program for calculating crystal properties[J]. Journal of endocrinology, 2001(196): 123-130.

[33] WANG Y, WANG J J, WANG W Y, et al. A mixed-space approach to first-principles calculations of phonon frequencies for polar materials [J]. Journal of physics: condensed matter, 2010,22(20): 202201.

[34] TOGO A, CHAPUT L, TANAKA I. Distributions of phonon lifetimes in Brillouin zones [J]. Physical review B,2015,91(9): 094306.

[35] MUKHOPADHYAY S, PARKER D S, SALES B C, et al. Two-channel model for ultralow thermal conductivity of crystalline Tl_3VSe_4[J]. Science,2018,360(6396): 1455-1458.

[36] LI S, CHEN Y. Thermal transport and anharmonic phonons in strained monolayer hexagonal boron nitride [J]. Scientific reports, 2017(7): 43956.

[37] SRIVASTAVA G P. The physics of phonons [M]. Boca Raton:CRC Press, 2019.

第 3 章　Zintl 相 $A_5M_2Pn_6$ 的晶格结构、电子结构和热电特性

　　Zintl 相化合物是高性能热电材料的理想候选,因为它符合"电子晶体-声子玻璃"的结构特征,其中 $A_5M_2Pn_6$ 和 A_3MPn_3(其中 A=Ca,Sr,Ba,Eu,Yb;M=Al,Ga,In,Sn;Pn=As,Sb,P)中的阴离子基团 MPn_4 形成四面体结构,这些四面体随元素种类和元素化学计量比的不同有多种的空间排列方式(图 1-8),其中 A 和 Pn 原子有多个不等价位,使得四面体的键长各不相同,相应的键能、键角也不同,这样复杂的晶格结构有利于降低晶格热导率,并为通过能带工程、声子调控等提升材料的热电性能提供了得天独厚的条件,是非常有应用前景的热电材料。

　　美国加州理工学院 G. Jeffrey Snyder 博士小组已经做了大量的实验和部分理论研究工作并取得了一些成就。为此,他们在 2014 年还申请了一项名为"Zintl 相化合物在热电方面应用"的专利,专利号为 US 8801953 B2[1]。该小组实验研究用 Na 部分取代 $Ca_5Al_2Sb_6$ 和 Ca_3AlSb_3 中 Ca 位的热电特性[2-3],发现这两个掺杂化合物的塞贝克系数随温度的增加而增加,$Ca_5Al_2Sb_6$ 的电阻率也随温度增加而增加,它们的最大 ZT 分别为 0.6(1000 K)和 0.8(1060 K),但是 Na 溶度的上限导致这两种材料没能达到最优载流子浓度。该小组实验研究用 Zn 掺杂 $Ca_5Al_2Sb_6$,发现和 Na 掺杂 Ca_3AlSb_3 相似,它们的电导率在 600 K 以下都随着掺杂量的增加而减小,研究者推测这可能是由于氧化的原因[4-5]。通过实验研究 Mn 掺杂 $Ca_5Al_2Sb_6$,发现和 Zn 掺杂相似,它们都取代了 Al 的位置,这和 Na 掺杂不同。然而不论是 Na 掺杂、Zn 掺杂还是 Mn 掺杂,$Ca_5Al_2Sb_6$ 的能带简并度都随着掺杂浓度的增加而增加。霍尔载流子浓度测量表明,Zn 掺杂 $Ca_5Al_2Sb_6$ 的载流子浓度和理论预测一致,是 Na 掺杂的 2 倍;而 Mn 掺杂的载流子浓度比理论预测的低。在最优载流子浓度下,Zn 和 Mn 掺杂 $Ca_5Al_2Sb_6$ 的最优 ZT 略小于 Na 掺杂的最优 ZT[6]。此外,该小组还研究了 Zn 分别取代 $Ca_5In_2Sb_6$ 和 $Ca_5Ga_2Sb_6$ 中的 In 和 Ga 位材料的热电特性,结果表明由于 $Ca_5In_2Sb_6$ 非常小的带隙引起的双极

化效应,导致材料的最优 ZT 小于 0.6;[4] 而 Zn 掺杂 $Ca_5Ga_2Sb_6$ 的电阻和塞贝克系数随 Zn 浓度的增加而减小,在重掺杂浓度下,材料的塞贝克系数和电阻的变化规律呈简并半导体导特性[4,7];该小组还研究了 $Sr_5Al_2Sb_6$ 的电子结构和热电特性及 $Ca_5Al_2Sb_6$ 和 $Ca_5In_2Sb_6$ 固溶 $Ca_5Al_{2-x}In_xSb_6$ 的热电特性[8]。G. Jeffrey Snyder 博士小组还通过实验测得的参数带入公式 $\kappa=C_pDd$ 计算材料的晶格热导率,这里的 C_p 是杜隆-珀替热容,D 是热扩散系数,d 是材料的平均质量密度[4-5]。虽然 $Ca_5In_2Sb_6$ 的质量密度大于 $Ca_5Al_2Sb_6$ 的,但 $Ca_5In_2Sb_6$ 的硬度却小于 $Ca_5Al_2Sb_6$,这导致 $Ca_5In_2Sb_6$ 的声子速度比 $Ca_5Al_2Sb_6$ 小近 10%,实验测得 $Ca_5In_{1.9}Zn_{0.1}Sb_6$ 的晶格热导率比 $Ca_5Al_{1.9}Zn_{0.1}Sb_6$ 小 10%,这和声子速度的测量结果一致[5]。$Ca_5Ga_2Sb_6$ 和 $Ca_5Al_2Sb_6$ 的晶格热导率非常接近。而通过上述方法计算得到 1050 K 时,Na 掺杂 Ca_3AlSb_3 的晶格热导率为 0.6 W·m^{-1}K^{-1},接近玻璃在高温下的最小值[4]。除 G. Jeffrey Snyder 博士小组的研究外,Benahmed 等和 Bekhti-Siad 等[9-10]分别采用第一性原理加半经典玻尔兹曼理论研究了 Zintl 相化合物 A_3AlAs_3(A=Sr,Ba)的电子输运特性,发现这两个化合物都是低温热电材料。本书的第 3、第 4 和第 5 章采用基于密度泛函理论的第一性原理方法,并结合半经典玻尔兹曼理论研究了几种 $A_5M_2Pn_6$ 和 A_3MPn_3 化合物的晶格结构电子结构和热电特性,重点讨论 $A_5M_2Pn_6$ 和 A_3MPn_3 化合物中阴离子基团不同排布方式的成因及其对电子结构和热电特性影响的微观机制。

3.1　As—As 键对 $Ca_5M_2As_6$（M=Sn,Ga）电子结构和热电性质的影响

Zintl 相化合物 $A_5M_2Pn_6$ 被认为是非常有应用前景的热电材料。这些化合物的一个典型特征是具有由 MPn_4 四面体形成的一维阴离子链。这样的共价阴离子链对它们的电子结构和热电性能具有重要的影响。例如,沿平行于角共享的 $AlSb_4$ 四面体链方向,$Ca_5Al_2Sb_6$ 具有较小的能带有效质量,表明在相同载流子浓度下沿这个方向的电导率最高。晶格结构是影响电子结构和热电性能的重要因素[11],所以对晶格结构的分析是非常重要的。正如图 1-8(a) 至图 1-8(c) 展示的那样,根据链的结合形式,$A_5M_2Pn_6$ 化合物可以分为 3 种类型。①$Ca_5Al_2Sb_6$ 结构类型,Pn—Pn 共价键连接相邻两个一维阴离子链形成

梯子形的结构[3];②$Ca_5Sn_2As_6$结构类型,这里的相邻两个一维阴离子链没有通过 Pn—Pn 共价键连接[12];③3.3 节研究的 $Sr_5Al_2Sb_6$ 结构类型,它是由两个四面体以角共享和边共享交替出现,且每个 $A_5M_2Pn_6$ 单元都有一个 Sb 悬挂键,从而形成扭曲的一维螺旋结构[8]。Alexandra Zevalkink 和其他研究者已经就 $A_5M_2Pn_6$ 的第一种结构类型的热电性质有较多的研究[13]。结果显示 p 型掺杂的化合物表现出了较好的热电性质。与 $Ca_5Al_2Sb_6$ 型的化合物相比,$Ca_5Sn_2As_6$ 型的化合物沿 z 方向具有相似的一维链,它们也是很有潜能的热电材料。例如,$Eu_5Sn_2As_6$($Ca_5Sn_2As_6$ 型)的最大热电优值与没有掺杂的 $Ca_5Al_2Sb_6$ 相当[14]。然而,Pn—Pn 键的存在对 $A_5M_2Pn_6$ 的运输性质的影响还是一个未决问题。这启发我们去研究四面体的排布方式对电子结构和热性能的影响。为此,本节选择 $Ca_5Ga_2As_6$ 和 $A_5Sn_2As_6$(A=Ca 和 Sr)作为研究对象,探究 MPn_4 链的不同排布方式调控 $A_5M_2Pn_6$ 的电子结构和运输性质的微观机制。

研究发现,在 $A_5M_2Pn_6$ 中,Pn 和 Ga(或 Sn)原子电组态的不同决定了相邻的共价链之间是否出现 Pn—Pn 梯子形共价键。而 Pn—Pn 共价键的存在对塞贝克系数和电导率的各向异性起着关键作用。在 $Ca_5Ga_2As_6$ 中 As—As 键的形成导致在导带底附近的态密度出现了一个尖峰,这将有利于态密度有效质量的增加,从而导致 n 型 $Ca_5Ga_2As_6$ 塞贝克系数增加。能带分解电荷密度的结果表明,As—As 键的存在导致了沿着该共价键的方向有较多的电荷聚集,也就是说不仅沿一维共价链的方向有电荷,沿着 As—As 键的方向也有电荷,这导致 $A_5Sn_2As_6$(A=Ca 和 Sr)比 $Ca_5Ga_2As_6$ 有较大电子结构的各向异性。基于 As—As 键导致的上述电子结构的特征可以得出,n 型 $Ca_5Ga_2As_6$ 应该具有优异的热电性质。另外,在 $Ca_5Sn_2As_6$ 中没有形成 As—As 键,聚集在 As 原子周围的电子会在价带顶附近产生尖锐的峰,这将相应提高 p 型态密度有效质量,从而增加 p 型 $Ca_5Sn_2As_6$ 的塞贝克系数。由于 $Ca_5Sn_2As_6$ 和 $Sr_5Sn_2As_6$ 具有相同的晶格结构类型,本节主要对比研究 $Ca_5Ga_2As_6$ 和 $Ca_5Sn_2As_6$ 的相关特性。

3.1.1 晶格结构

如图 3-1(见书末彩插)所示,$Ca_5Ga_2As_6$ 属图 1-8 中的第一种结构类型,

$Ca_5Sn_2As_6$ 属图 1-8 中的第二种结构类型,空间群都是 Pbam。$Ca_5Sn_2As_6$ 沿 z 方向存在由角共享的 $SnAs_4$ 四面体组成的一维长链,这与 $Ca_5Ga_2As_6$ 沿 z 方向的角共享的 $GaAs_4$ 四面体组成的无限长链相似。然而,与 $Ca_5Ga_2As_6$ 不同的是,$Ca_5Sn_2As_6$ 材料中的相邻两个一维链的排列方向不一样,且相邻两个链之间没有通过 As—As 键连接[图 3-1(a)]。在 $A_5M_2Pn_6$ 化学式中,四面体四个角上的 Pn 原子有 3 个不等价位置,以 $Ca_5Sn_2As_6$ 为例,将这 3 个不等价的 Pn 原子分别标记为 As1、As2 和 As3,其中 As3 代表的是处于角共享的 Pn 原子,在 $Ca_5Sn_2As_6$ 中,As1 和 As2 代表非角共享的 Pn 原子[图 3-1(b)],而 $Ca_5Ga_2As_6$ 中,As3 代表的是形成 Pn—Pn 共价键的那个原子[图 3-1(c)]。从晶格结构的分析明显可以看出,沿 x、y、z 3 个方向的输运性质应该有很强的各向异性,且 $Ca_5Sn_2As_6$ 的各向异性大于 $Ca_5Ga_2As_6$ 的。

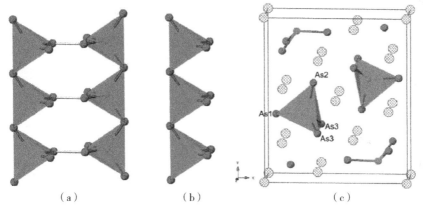

（a）　　　　　　　（b）　　　　　　　（c）

(a)$Ca_5Ga_2As_6$ 沿 z 轴的 $GaAs_4$ 四面体形成梯子形的结构;(b)$Ca_5Sn_2As_6$ 沿 z 轴的 $SnAs_4$ 四面体形成一维结构;(c)$Ca_5Sn_2As_6$ 沿 z 轴观察的晶格结构;其中灰球、红球和绿球分别代表 Ca、As 和 Sn 原子。

图 3-1　$Ca_5Ga_2As_6$、$Ca_5Sn_2As_6$ 的晶格结构

3.1.2　电子结构

为了弄清 $Ca_5Sn_2As_6$ 和 $Ca_5Ga_2As_6$ 的结构特征,本书计算了它们的电子局域函数(ELF)如图 3-2(见书末彩插)所示。从图 3-2(a)和图 3-2(b)可以看出,Ca 原子周围没有电荷分布,说明 Ca 原子失去了全部的价电子和其他原子之间形成了离子键。Sn(Ga)和 As 中间有一定程度的电荷聚集,且角共享的那个 As 和 Ga(Sn)之间的电荷聚集更多,说明 Ga (Sn)—As 之间是共价结合,可以预测沿 As—Ga（Sn）—As 共价结合方向有较大的电导率。这和已有的研究报告"$Ca_5Ga_2As_6$ 沿一维链的方向有大的电导率"的结果是一致的[15]。仔细观察发现 $Ca_5Ga_2As_6$ 中形成梯子形结构的 As—As 之间的电荷聚集较少,且这两个 As 原子周围的电荷聚集量明显少于其他 As 原子,说明这两个 As 原子最外层并没有达到八电子的稳定结构,所以有可能会在导带形成空带。下面将通过电子结构的进一步分析来验证这一点。

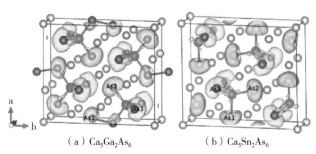

（a）$Ca_5Ga_2As_6$ （b）$Ca_5Sn_2As_6$

图 3-2 $Ca_5Ga_2As_6$ 和 $Ca_5Sn_2As_6$ 的电子局域函数

注:等值面分别是 0.77 和 0.79。其中,灰色的球代表 Ca 原子,绿色的球代表 Ga（Sn）原子,红色的球代表 As 原子。

有研究表明相同的元素不同的比例,会影响材料的晶格结构中 Pn—Pn 键的形成与否,如图 1-8 中的 Ca_3AlSb_3 和 $Ca_5Al_2Sb_6$。$Ca_5Al_2Sb_6$ 中,由于 Ca 原子个数的相对缺失导致价电子数减少,因此,会形成 Sb—Sb 共价键以满足价态的平衡。相对于 $Ca_5Ga_2As_6$,$A_5Sn_2As_6$（A=Ca,Sr）中的 As—As 键断裂可能与材料中相对电子数的变化有关。这些化合物都是电荷平衡的 Zintl 相化合物,各元素的外层电子排布分别为 Ca $4s^2$、Sr $5s^2$、Sn $5s^25p^2$、Ga $4s^24p^1$ 和 As $4s^24p^3$。$Ca_5Sn_2As_6$ 中,5 个 Ca 原子提供 10 个价电子,每个聚阴离子 $SnAs_3$ 基团只能得到 5 个电子。为了满足八隅律,Sn 原子和它周围的 3 个 As 原子形成共价键,非角共享的 2 个 As 原子分别得到 Ca 原子提供的 2 个价电子,处于角共享的那个 As 原子只能得到 1 个价电子,然后这个 As 原子再通过角共享和另一个四面体中的 Sn 形成共价键,从而形成了一维的链状结构,而相邻的两个链之间不需通过 As—As 键连接。这一价键平衡的状态导致材料具有半导体性质[16]。对于 $Ca_5Ga_2As_6$ 是同样的道理,5 个 Ca 原子提供 10 个电子,每个 $GaAs_3$ 单元只能得到 5 个电子,因为 Ga 的最外层只有 3 个价电子,比 Sn 少 1 个,所以每个 Ga 需要从 Ca 中得到 1 个电子。为了满足八隅律,非角共享的 1 个 As 原子得到 Ca 原子提供的 2 个价电子,处于角共享的那个 As 原子得到 1 个价电子,并于另一个 Ga 原子形成共价键,从而形成一维的链状结构,另一个 As 原子只能从 Ca 原子处得到 1 个价电子,这个 As 原子再通过 As－As 共价键形成梯子形的结构,可见 M 原子最外层价电子的缺失是导致一维链状结构及相邻一维链是否通过 Pn－Pn 形成桥接键的决定因素。由此,可以猜想,若 Ca 的含量增加,Ca 能贡献出更多的电子,相邻的两个一维链之间,无须通过 As－As 形成桥接键。由于 Ga 原子最外层比 Sn 少 1 个价电子,所以每个 $GaAs_3$ 阴离子基团比 $SnAs_3$ 阴离子基团需多 1 个额外的电子,两个阴离子基团自然需要两个电子,所以对应的化学式应该是 Ca_3GaAs_3。因此,M 元素最外层价电子个数的不同及化合物中元素比例的不同,是 As－As 桥接键形成与否的两个主要原因。

此外,通过这两种类型化合物的聚阴离子电负性的分析,进一步研究引起它们晶格结构不同的原因。用 Pn 原子的电负性与 M 原子的电负性的比值来描述聚阴离子 MPn_4 的电负性。表 3-1 列举了相关元素的电负性。对于有 As－As 键的 $Ca_5Al_2Sb_6$ 结构类型,$Ca_5Ga_2As_6$ 的电负性比值(1.20)、$Ca_5Al_2Sb_6$ 的电负性比值(1.27)、$Ca_5Ga_2Sb_6$ 的电负性比值(1.13)及 $Ca_5In_2Sb_6$ 的电负性比值(1.15)都大于 1.13。对于无 As－As 键结合的 $Ca_5Sn_2As_6$ 的结构类型,$Sr_5Sn_2P_6$ 的电负性比值(1.12)和 $Ca_5Sn_2As_6$ 的电负性比值(1.11)都小于或等于 1.12。因此,MPn_4 组成元素的电负性也是影响两个相邻的 $GaAs_4$ 四面体组成的链之间是否形成 Pn－Pn 桥接键的一个因素。在相同原子数目不同原胞中,当电负性比值较大时,阴离子基团可以从其他原子中获得更多的电子,这会导致 $Ca_5Ga_2As_6$ 的原胞体积比 $Ca_5Sn_2As_6$ 的更小。因此,相对于 $Ca_5Sn_2As_6$,$Ca_5Ga_2As_6$ 的晶格结构的细微变化可能是由于聚阴离子的电负性的比值的变化。那么,Pn－Pn 桥接键的形成对热电性质是否有影响呢?

表 3-1　$Sr_5Sn_2P_6$ 和 $Ca_5Ga_2As_6$ 类化合物中原子的电负性

类型	$A_5M_2Pn_6$	$\chi(A)$	$\chi(M)$	$\chi(Pn)$	$\chi(Pn/M)$
	$Ca_5Sn_2As_6$	1.00	1.96	2.18	1.11
$Ca_5Sn_2As_6$	$Sr_5Sn_2As_6$	0.95	1.96	2.18	1.11
	$Sr_5Sn_2P_6$	0.95	1.96	2.19	1.12

续表

类型	$A_5M_2Pn_6$	$\chi(A)$	$\chi(M)$	$\chi(Pn)$	$\chi(Pn/M)$
	$Ca_5Ga_2Sb_6$	1.00	1.81	2.05	1.13
$Ca_5Al_2Sb_6$	$Ca_5In_2Sb_6$	1.00	1.78	2.05	1.15
	$Ca_5Ga_2As_6$	1.00	1.81	2.18	1.20
	$Ca_5Al_2Sb_6$	1.00	1.61	2.05	1.27

注:Pn/M 是 Pn 原子和 M 原子的电负性比。

材料的带隙和费米能级附近的电子结构是影响热电性质的重要因素。图 3-3 为 $Ca_5Sn_2As_6$ 和 $Ca_5Ga_2As_6$ 的能带结构,结果表明 $Ca_5Sn_2As_6$ 和 $Ca_5Ga_2As_6$ 分别是间接带隙半导体和直接带隙半导体。而文献[17]描述的 $Sr_5Sn_2As_6$ 是直接带隙半导体。这 3 种材料带隙大小顺序是:$Ca_5Sn_2As_6$ (0.72 eV)＞$Ca_5Ga_2As_6$ (0.65 eV)＞ $Sr_5Sn_2As_6$ (0.55 eV),这表明在相同的温度下 $Ca_5Sn_2As_6$ 有最低的本征载流子浓度。对于 $A_5M_2As_6$ 相化合物而

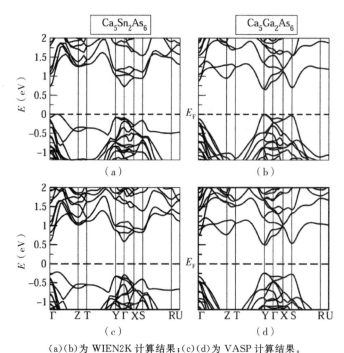

(a)(b)为 WIEN2K 计算结果;(c)(d)为 VASP 计算结果。

图 3-3　$Ca_5Sn_2As_6$ 和 $Ca_5Ga_2As_6$ 的能带结构

(费米能级处设置为 0 eV)

言,阳离子向阴离子提供电子,这决定了费米能级的位置,但是对费米能级附近的能带结构的影响不大,费米能级附近的能带结构主要受 Pn 和 M 的影响。$Ca_5Sn_2As_6$ 和 $Sr_5Sn_2As_6$ 的主要差别是带隙不同,$Ca_5Sn_2As_6$ 有较大带隙的原因可能是 Ca 和 As 在元素周期表中有相同周期,这使得它们的价电子能量非常接近,使其有更低的成键态能量和更高的反键态能量。这也适用于其他类似的化合物,如 $Sr_5Al_2Sb_6$(0.80 eV)的带隙比 $Ca_5Al_2Sb_6$(0.50 eV)的带隙更大[18]。但 $Ca_5Sn_2As_6$ 和 $Ca_5Ga_2As_6$ 在费米能级附近的电子结构明显不同,可能是由 As—As 造成的。因此,A 原子对带隙影响较大,然而替换 M 原子会影响费米能级附件能带的形状。此外,能带图中最显著的特征是费米能级附近重带和轻带的交叠,在低能量范围的重带有助于增大塞贝克系数 S,轻带有利于增大电导率 σ。

为了更深入讨论 As—As 键的形成对费米面附近电子结构的影响,图 3-4 给出了 $Ca_5Ga_2As_6$ 和 $Ca_5Sn_2As_6$ 总的和部分态密度(DOS)。比较这两个态密度可知,在 $Ca_5Ga_2As_6$ 的导带底和 $Ca_5Sn_2As_6$ 的价带顶附近各有一个尖峰出现,表明 n 型 $Ca_5Ga_2As_6$ 和 p 型 $Ca_5Sn_2As_6$ 有较大的态密度有效质量,从式(3-1)可知,较大的态密度有效质量常常会导致较大的塞贝克系数:

$$S = \frac{\pi^2}{3}\left(\frac{TK_B^2}{q}\right)\left[\frac{\mathrm{dln}\sigma(E)}{\mathrm{d}E}\right]_{E=E_f} = \frac{\pi^2}{3}\left(\frac{k_B^2}{q}\right)\left[\frac{1}{n}\frac{\mathrm{d}n(E)}{\mathrm{d}E} + \frac{1}{\mu}\frac{\mathrm{d}\mu(E)}{\mathrm{d}E}\right]_{E=E_f}。$$

(3-1)

其中,$n(E)$ 和 $\mu(E)$ 分别是能量依赖的载流子浓度和迁移率。可以通过掺杂形成共振态或者调节温度来增加能带简并从而增大费米面附近的 DOS,而本征的 $Ca_5Ga_2As_6$ 的导带底和 $Ca_5Sn_2As_6$ 的价带顶附近各有一个尖峰出现,等同能级共振,所以 n 型 $Ca_5Ga_2As_6$ 和 p 型 $Ca_5Sn_2As_6$ 应该有较大的塞贝克系数。

仔细研究图 3-4(见书末彩插)可以发现,对 $Ca_5Sn_2As_6$ 来说,在价带顶的尖峰主要是由 As1 原子的 p 轨道贡献。从图 3-4(a)可以看出,$Ca_5Ga_2As_6$ 导带底的尖峰主要是由 As1 原子的 p 态贡献的。这两种物质主要的不同:As1 原子在四面体中的位置,这和前面关于电荷密度的分析和晶体结构成键的分析完全一致。结合图 3-3 和图 3-4 分析可得,在 $-0.5\sim0$ eV 时,As1 沿 pz 方向的态密度大于沿 px 和 py 方向的,说明沿 z 方向的电导率较大;在 0.1~1.5 eV 时,As1 沿 py 方向的态密度大于沿 px 方向和 pz 方向的,说明沿 y 方向的电导率较大。由前面分析可知,$Ca_5M_2As_6$(M=Sn,Ga)导电通道是由

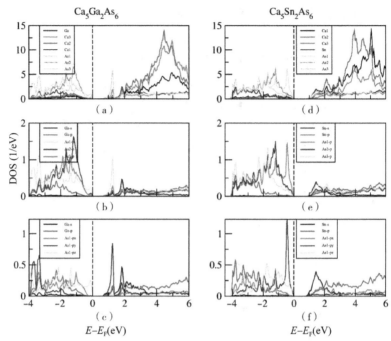

图 3-4　Ca₅Ga₂As₆ 和 Ca₅Sn₂As₆ 总的和部分的态密度

（价带顶设置为 0 eV）

As—M—As 原子沿 z 方向形成的。As—As 的形成导致 Ca₅Ga₂As₆ 沿 y 方向的电导率大于 Ca₅Sn₂As₆ 的，且 Ca₅Ga₂As₆ 电导率的各向异性小于 Ca₅Sn₂As₆ 的。

从图 3-4(d)可知，在 $-1 \sim 0$ eV 时，Ca₅Sn₂As₆ 的价带顶主要是 As 贡献的，其中不等价 As 贡献价带顶的大小顺序是 As1＞As2＞As3，并且在 $0.75 \sim 1.50$ eV 导带主要是 Sn 和 As1 贡献的；在 $3 \sim 6$ eV 时，导带主要是由 Ca 原子贡献的，这与阳离子转移其电子至阴离子基团相一致。从图 3-4(e)可以看出，Sn 原子的 s 轨道与 As 原子的 p 态杂化，在 $-4 \sim -1.5$ eV 时，形成键态；在 $0.75 \sim 2.0$ eV 时，形成反键态。Sn 原子的 s 态、As1 原子的 p 态、As2 原子的 p 态、As3 原子的 p 态及 Sn 原子的 p 轨道的相互杂化主要贡献了导带，特别是导带底。图 3-4(d) 及图 3-4(f) 给出 As1 和 Sn 原子对 Ca₅Sn₂As₆ 的输运性质有很重要的影响。

为了进一步探究 As—As 的电荷特征，本节还研究了 Ca₅Ga₂As₆ 沿(001) 面从 $-4 \sim -3$ eV、$-2.5 \sim -1.5$ eV、$-1 \sim 0$ eV 及 $0 \sim 1$ eV 的能带分解电荷密度，如图 3-5 所示。

从图 3-5(a)和图 3-5(d)可以看出,As1－As1 形成了 σ 成键态及 σ^* 反键态。从图 3-5(b)和图 3-5(c)可知,As1－As1 形成了弱的 π 成键态及 π^* 反键态。对于价带顶,π^* 反键态将会使电子聚集在阴离子链方向,这对形成电荷通路是有利的。在导带底,σ^* 反键态会使电子沿 y 方向聚集(As－As 结合方向),这会导致在这个方向上的电导率比没有 As－As 结合的 $Ca_5Sn_2As_6$ 的大。此外,这两种物质的电子数目比较接近。当 $Ca_5Ga_2As_6$ 的电子沿 y 方向聚集较大时,$Ca_5Sn_2As_6$ 沿 z 方向的电导率可能比 $Ca_5Ga_2As_6$ 沿 z 方向的大。在图 3-5 中的 As1－As1 结合的特征与图 3-4(c)中 As1 的 DOS 吻合。另外,As1－As1 共价键在价带顶和导带底形成的反键态的不同,导致价带的各向异性小于导带的,这和下面讨论的电子输运性质各向异性的结论一致。

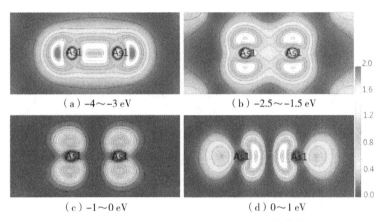

(a) $-4\sim-3\,eV$　　　　　　(b) $-2.5\sim-1.5\,eV$

(c) $-1\sim0\,eV$　　　　　　(d) $0\sim1\,eV$

图 3-5　$Ca_5Ga_2As_6$ 沿 (100) 面的能带分解电荷密度

3.1.3　电子输运性质

基于计算的 $Ca_5M_2As_6(M=Sn,Ga)$ 的能带结构,本书采用基于半经典玻尔兹曼理论的 BoltzTrap 程序包计算了材料的电输运性质。尽管弛豫时间近似限制了模型预测的精确度,但是对探究 As－As 对电子输运性质影响的微观机制还是很有意义的。比较 $Ca_5Sn_2As_6$、$Sr_5Sn_2As_6$ 和 $Ca_5Ga_2As_6$ 的热电性质知道,带隙的不同对这 3 种化合物的热电性质有很大的影响。图 3-6 给出了载流子浓度 n、塞贝克系数 S、电导率比弛豫时间 σ/τ 及功率因子比弛豫时间 $S^2\sigma/\tau$ 等电输运性质随温度的变化。如图 3-6(a)所示,$A_5M_2As_6$ 的载流子浓度随温度的升高而增大,这是由于热激发的缘故。众所周知,在相同的温

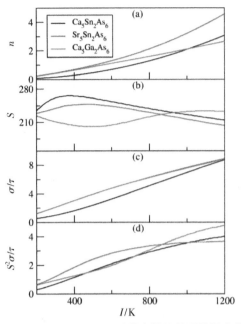

图 3-6 $Ca_5M_2As_6(M=Sn,Ga)$ 的电输运性质随温度的变化

度下,小的带隙会引发较大的载流子浓度。从图 3-6 可以看出,当温度 1000 K 以下时,这 3 种物质的载流子浓度的大小顺序是:$Ca_5Sn_2As_6 < Ca_5Ga_2As_6 <$ $Sr_5Sn_2As_6$,这与前面讨论的带隙大小是一致的;然而,当温度高于 1000 K 时,$Ca_5Sn_2As_6$ 的载流子浓度大于 $Ca_5Ga_2As_6$ 的,这主要是由于 $Ca_5Sn_2As_6$ 的价带顶有更多的能态,在高温下更多的能带能够激发更多的电子。从图 3-6(b) 可以看出,在研究的温度范围内 S 随温度的升高先增大后减小,$Ca_5Sn_2As_6$ 的 S 在 266 K 时达到最大值 266 $\mu V \cdot K^{-1}$,$Sr_5Sn_2As_6$ 的 S 在 500 K 时达到最大值 248 $\mu V \cdot K^{-1}$。然而,$Ca_5Ga_2As_6$ 的 S 随温度的升高先减小后增大,在 500 K 时达到最小值 201 $\mu V \cdot K^{-1}$,在 1050 K 时达到最大值 234 $\mu V \cdot K^{-1}$。接着分析电子输运性质随载流子浓度的变化,如图 3-7 所示。由于材料的最优载流子浓度一般在 $10^{19} \sim 10^{21} cm^{-3}$,属于重掺杂半导体的范围,对于金属或简并半导体的塞贝克系数可表达为:

$$S = \frac{8\pi^2 k_0^2}{3eh^2} m_{DOS}^* T(\frac{\pi}{3n})^{2/3}。 \tag{3-2}$$

可见重掺杂半导体,S 随态密度有效质量和温度的升高而增大,随载流子浓度的增大而减小。

从图 3-7 和式(3-2)可以看出,在 $300\sim500$ K 时,S 减小主要是由于载流子浓度的增大;在 $500\sim1000$ K 时,S 增大主要是由于温度的升高。从热电优值 $ZT=rS^2/L$ ($r=\kappa_e/\kappa$,L 是洛伦兹常数)可以看出,S 与 ZT 成正比[16]。因为 $Ca_5Sn_2As_6$ 在大的温度变化范围内有一个 S 高值,因此,材料在较宽的温度范围内应该有较大的 ZT,这为热电材料的应用提供了方便。从图 3-6(c)可以看出,σ/τ 随温度的增加而增加,这是半导体的电导率随温度变化的一般规律。从图 3-6(d)可以看出,$Ca_5Sn_2As_6$ 的 $S^2\sigma/\tau$ 随温度的升高而增大,然后一直保持稳定,在 1050 K 时达到最大值 3.9×10^{11} W/K^2ms,比 $Ca_5Ga_2As_6$ 的最大值(1100 K 时,4.5×10^{11} W/K^2ms)小。$Ca_5Sn_2As_6$ 的 $S^2\sigma/\tau$ 相对较小的原因是其有小的载流子浓度,当然,这个问题可以通过掺杂来解决。下面将详细讨论在模拟掺杂下不同方向的输运性质。

前面从晶格结构和局域电荷密度的分析知道,$Ca_5Sn_2As_6$ 的电子各向异性比 $Ca_5Ga_2As_6$ 的强,而 $Ca_5Ga_2As_6$ 的空穴各向异性比 $Ca_5Sn_2As_6$ 的强,自然这个各向异性会导致输运性质的各向异性,如图 3-7 所示,特别是电导率的各向异性表现得更明显。可见费米能级附近价带顶的态密度共振能级减小了空穴输运特性的各向异性,导带底态密度的共振能级减小了电子输运性质的各向异性。比较图 3-7(a)和图 3-7(d)发现,这两种物质的塞贝克系数的双极化效应程度是不同的,其中 $Ca_5Sn_2As_6<Ca_5Ga_2As_6$,这与这两种物质的带隙呈现降序是一致的。p 型 $Ca_5Sn_2As_6$ 和 n 型 $Ca_5Ga_2As_6$ 的塞贝克系数及电导率的各向异性较小,这意味着它们掺杂的多晶材料的输运性质很好。n 型的 $Ca_5Ga_2As_6$ 有大的塞贝克系数归因于在导带底附近的 DOS 尖峰,p 型的 $Ca_5Sn_2As_6$ 有大的塞贝克系数归因于在价带顶附近的 DOS 尖峰,这与前面 As—As 键的讨论结果一致。此外,图 3-7(e)给出 n 型 $Ca_5Ga_2As_6$ 沿 y 方向的 σ/τ 很大,是因沿 y 方向 As—As 成键引起的电子聚集的结果。n 型 $Ca_5Ga_2As_6$ 多晶的电导率会很大,p 型 $Ca_5Sn_2As_6$ 的电导率各向异性较小。另外,p 型和 n 型的 $Ca_5Sn_2As_6$ 及 n 型的 $Sr_5Sn_2As_6$ 沿 z 方向有大的塞贝克系数及电导率。所以通过掺杂,p 型和 n 型的 $Ca_5Sn_2As_6$ 沿 z 方向的热电性质都能得到较大提高。另外,当 $E-\mu\gg K_BT$ 时,Mott 方程可以表示为[18]:

$$S=\frac{\pi^2}{3}\left(\frac{TK_B^2}{q}\right)\left[\frac{\mathrm{dln}\sigma(E)}{\mathrm{d}E}\right]_{E=E_f}。\tag{3-3}$$

所以我们可以通过 $\dfrac{\mathrm{dln}\sigma}{\mathrm{d}E}$ 来认识塞贝克系数。

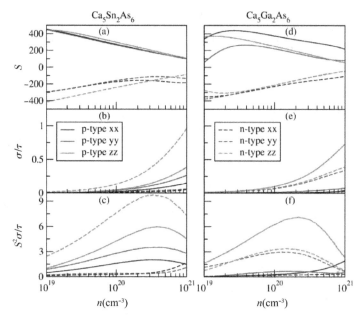

图 3-7　$Ca_5 M_2 As_6 (M＝Sn,Ga)$ 的输运性质的各向异性在温度为 950 K 时随载流子浓度的变化

图 3-8 为 $Ca_5 Sn_2 As_6$ 在 950 K 时,沿 x、y 及 z 方向的 $\dfrac{d\ln\sigma}{dE}$ 关于载流子浓度变化曲线。对于 p 型的 $Ca_5 Sn_2 As_6$,在每个方向的 $\dfrac{d\ln\sigma}{dE}$ 都很接近,这与图 3-7(a)塞贝克系数的变化规律是一致的。对于 n 型的 $Ca_5 Sn_2 As_6$,在载流子浓度为 $0.1×10^{20}\sim 5.0×10^{20}$ 时,沿 z 方向的 $\dfrac{d\ln\sigma}{dE}$ 比其沿 x 和 y 方向的大,在载流子浓度为 $5×10^{19}\sim 1×10^{21}$ 时,沿 z 方向的 $\dfrac{d\ln\sigma}{dE}$ 比其沿 x 方向的小。在载流子浓度为 $0.1×10^{20}\sim 5×10^{20}$ 变化范围内,沿 z 方向的塞贝克系数大于 x 和 y 方向的,在载流子浓度为 $5×10^{20}\sim 1×10^{21}$ 时,沿 z 方向的塞贝克系数小于沿 x 和 y 方向的,这与 n 型 $Ca_5 Sn_2 As_6$ 沿 z 方向的 $\dfrac{d\ln\sigma}{dE}$ 计算结果相一致。因此,对于 p 型和 n 型的 $Ca_5 Sn_2 As_6$ 来说,沿 z 方向的塞贝克系数以及电导率都比沿其他方向的大,归因于 $Ca_5 Sn_2 As_6$ 沿着 z 方向的 $SnAs_4$ 四面体通过角共享形成的一维链状晶格结构。$Sr_5 Sn_2 As_6$ 和 $Ca_5 Ga_2 As_6$ 在 950K 时,沿 x、y 及 z 方向的 $\dfrac{d\ln\sigma}{dE}$ 关于载流子浓度的变化曲线与 $Ca_5 Sn_2 As_6$ 的相似。

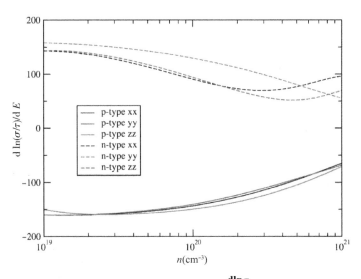

图 3-8　$Ca_5Sn_2As_6$ 在 950 K 时，沿 x、y 及 z 方向的 $\dfrac{dln\sigma}{dE}$ 关于载流子浓度的变化曲线

3.1.4　热输运性质

由于晶格热导率和电输运性质之间的联系较小，所以提高热电特性除调控电输运性质外，还可通过降低晶格热导率来提高 ZT。在复杂的结构中，晶胞的尺寸大小是预测晶格热导率（κ_l）大小的一个因素。研究者在许多 Zintl 相锑化物材料中已经证实了随晶胞体积的增加，κ_l 减小。$Ca_5Sn_2As_6$（665 $\mathring{A}^3$）的体积比 $Ca_5Ga_2As_6$（634 $\mathring{A}^3$）的体积大，前者的晶格热导率就小于后者，这可能是在晶胞中给热载流子增加一个弯曲通道所导致的。同样的晶胞体积下，κ_l 也与声速有关。$A_5Sn_2As_6$（A＝Ga 和 A＝Sr）及 $Ca_5Ga_2As_6$ 的剪切声速和纵向声速可通过如式（3-4）和式（3-5）求出：

$$v_s = \sqrt{\frac{G}{d}}, \tag{3-4}$$

$$v_l = \sqrt{\frac{K + \dfrac{4G}{3}}{d}}。\tag{3-5}$$

这里 d 是材料的平均质量密度。G 和 K 分别是剪切模量和体弹模量，它们可以由弹性常数得出。$Ca_5Ga_2As_6$ 的 v_s 和 v_l 分别是 2860 m/s 和 4780 m/s，这比 $Ca_5Sn_2As_6$（v_s＝2240 m/s 及 v_l＝4190 m/s）和 $Sr_5Sn_2As_6$（v_s＝2147 m/s

及 $v_1 = 3749$ m/s)的大。另外,高于德拜温度下倒逆散射主导声子输运,晶格热导率与 $1/T$ 有关。这个关系一直维持到最小晶格热导率($\kappa_{\min}$)的达到,可以近似为:

$$\kappa_{\min} = \frac{1}{2}\left(\frac{\pi}{6}\right)^{\frac{1}{3}} k_B V^{-\frac{2}{3}} (2v_s + v_l)。 \tag{3-6}$$

其中,V 是晶胞的平均体积。$Ca_5Sn_2As_6$(0.56 W·$m^{-1}K^{-1}$)的最小晶格热导率比 $Ca_5Ga_2As_6$(0.70 W·$m^{-1}K^{-1}$)的小,这是由于 $Ca_5Sn_2As_6$ 较大的晶胞体积有助于达到较大的 ZT[21]。

3.1.5 小结

不同原子的电子组态决定 $Ca_5M_2As_6$(M=Sn,Ga)中 As—As 的存在与否。当在 $Ca_5Ga_2As_6$ 中形成 As—As 时,导带底出现了一个尖的态密度峰值,这增加 n 型 $Ca_5Ga_2As_6$ 的塞贝克系数和输运性质的各向异性。此外,计算的能带分解电荷密度显示 As—As 引起了沿 y 方向的电荷聚集,所以 n 型 $Ca_5Ga_2As_6$ 的电子结构和电输运性质的各向异性小于 $A_5Sn_2As_6$(A=Ca,Sr)。结合沿共价阴离子链方向有较大的电导率,n 型的 $Ca_5Ga_2As_6$ 多晶也将会有大的电导率和较好的热电性质。此外,因为 $A_5Sn_2As_6$(A=Ca,Sr)没有 As—As,在价带顶附近尖的态密度峰值会增强 p 型材料的塞贝克系数。由能带结构的比较可知,A 原子对带隙的影响特别大,M 原子对费米面附近的能带形状影响较大。

3.2 As—As 键对化合物 $Ca_5Ga_2As_6$ 和 Ca_3GaAs_3 的电子结构和热电特性的影响

正如图 1-8 那样,在 $A_5M_2Pn_6$ 和 A_3MPn_3 这两种化学式中,阴离子基团形成的四面体不同的排列方式本书共涉及 6 种:①相邻两个四面体通过角共享形成一维链状结构,相邻两个链通过 Pn—Pn 共价键形成梯子形结构;②相邻两个四面体通过角共享形成一维链状结构,相邻两个链的排列方式不同;③两个四面体以角共享和边共享交替出现形成一维螺旋的链状结构,且没有和邻近的链形成共价键;④相邻两个四面体通过角共享形成一维链状结构;⑤相邻两个四面体通过边共享形成独立的四面体对;⑥相邻两个四面体两个顶角共享和两个底角共享这两种共享方式交替出现的形式形成螺旋的一维链状结构。阴离子基团不同的排列方式可能是由于相同元素不同比例导致的。例如,$Ca_5Ga_2As_6$ 和 Ca_3GaAs_3,可能是因组成元素最外层价电子组态不同导致的;$Ca_5Ga_2As_6$ 和 $Ca_5Sn_2As_6$,可能是组成元素电负性不同导致的;但不论什么原因导致的,四面体不同的排列方式最终导致材料具有不同的电子结构和输运性质,寻找四面体不同的排列方式影响这些性质的微观机制至关重要。本节以 $Ca_5Ga_2As_6$ 和 Ca_3GaAs_3 为研究对象探究 As—As 键的存在与否对电子结构和热电特性的影响,为寻找高性能热电材料提供理论依据。

3.2.1　$Ca_5Ga_2As_6$ 和 Ca_3GaAs_3 的晶格结构

$Ca_5Ga_2As_6$ 和 Ca_3GaAs_3 中的阴离子基团都是通过角共享形成一维链状结构,但 $Ca_5Ga_2As_6$ 中的相邻两个链又通过 As—As 键连接,形成梯子形结构(图 3-9,见书末彩插)。可见,从 $Ca_5Ga_2As_6$ 到 Ca_3GaAs_3 的 Ca 原子个数的减小,导致了 As—As 共价键的出现。As—As 共价键的出现与否对 $Ca_5Ga_2As_6$ 和 Ca_3GaAs_3 电子结构和热电特性的影响是本节研究的重点。$Ca_5Ga_2As_6$ 每一

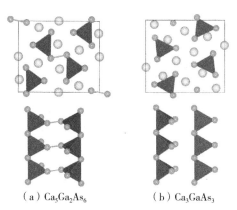

（a）$Ca_5Ga_2As_6$　　　　　（b）Ca_3GaAs_3

图 3-9　$Ca_5Ga_2As_6$ 和 Ca_3GaAs_3 的晶格结构

其中,(a) $Ca_5Ga_2As_6$ 的相邻两个四面体通过角共享形成一维链状结构,相邻两个链通过 As—As 共价键形成梯子形结构;(b) Ca_3GaAs_3 的相邻两个四面体通过角共享形成一维链状结构。绿色小球代表 As 原子,四面体内包裹的是 Ga 原子。

个原胞中共有 26 个原子,优化后的晶格常数分别为 $a=13.193$ Å,$b=11.396$ Å,$c=4.232$ Å。这和实验所得 $Ca_5Ga_2As_6$ 的晶格常数相吻合($a=13.224$ Å,$b=11.357$ Å,$c=4.138$ Å)。每一个 Ca_3GaAs_3 原胞含有 28 个原子,优化后的晶格常数分别为 $a=13.344$ Å,$b=12.253$ Å,$c=4.289$ Å,和实验结果很接近($a=13.414$ Å,$b=12.171$ Å,$c=4.197$ Å)。

Ca、Ga 和 As 3 种元素的价电子组态分别是:Ca $4s^2$、Ga $4s^24p^1$、As $3d^{10}4s^24p^3$。在 $Ca_5Ga_2As_6$ 中,5 个 Ca 原子提供 10 个电子,每个 $GaAs_3$ 单元只能得到 5 个价电子,1 个 Ga 需要得到 1 个价电子,才能与 4 个 As 形成四面体结构;1 个非角共享的 As 原子需要得到 2 个价电子,1 个角共享的 As 原子得到 1 个价电子,这样相邻的四面体就通过这个角共享的 As 原子形成一维链状结构,而另 1 个 As 原子也只能得到 1 个价电子并和另一个一维链中的相邻四面体形成 As—As 共价键。正如 3.1.1 所述,若 Ca 的含量增加,Ca 能贡献出更多的价电子,相邻的两个一维链之间,无须通过 As—As 形成桥接键。每个 $GaAs_3$ 阴离子基团需要从 Ca 处额外得到 1 个电子,两个阴离子基团自然需要 2 个额外的价电子,所以对应的化学式应该是 $Ca_6Ga_2As_6$,这就是熟知的 Ca_3GaAs_3,可见化合物中元素含量的不同是 As—As 键形成与否的一个主要原因。那么 As—As 键的形成与否对 Zintl 相化合物 $Ca_5Ga_2As_6$ 和 Ca_3GaAs_3 电子结构和热电特性有什么影响呢?

3.2.2 电子结构

因为费米能级附近的电子结构对载流子输运有决定性的影响,所以本节从不同的角度研究了费米能级附近的电子结构。图 3-10 是采用 PBE-GGA[19-21] 加 mBJ[22-23] 修正计算的 $Ca_5Ga_2As_6$ 和 Ca_3GaAs_3 的能带。从图中可以看出,$Ca_5Ga_2As_6$ 是一个带隙为 0.763 eV 的直接带隙半导体,导带底和价带顶都出现在 X 点,且轨道简并度是 2,因布里渊区的对称性,可得导带底和价带顶的 $N=2$。仔细研究发现,沿 X—S 方向的能带很平缓,表明载流子沿该方向的能带有效质量大于沿其他方向的能带有效质量,态密度分析表明,这部分的电子结构主要来自于 As—As 键的贡献,对此态密度部分会有详细的讨论。Ca_3GaAs_3 是一个带隙为 0.862 eV 的直接带隙半导体,导带底和价带顶都出现在 Γ 点,此处能带的轨道简并度都是 1($N=1$),考虑到布里渊区的对称性,价带沿着 $\Gamma-Y$ 方向的能带有效质量明显大于 $\Gamma-X$ 方向。两种材料能带的共同特点就是沿 $\Gamma-Z$ 方向的能带有效质量明显小于其他方向,这主要是由于角共享形成的一维链状结构有利于电子的传输,由此可以判断沿 Z 方向的电导率应该大于其他两个方向,这一点在电输运性质的讨论中得到验证。

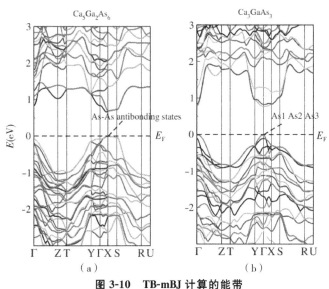

图 3-10　TB-mBJ 计算的能带

（价带顶设置为 0 eV）

　　两个能带的不同点是费米能级附近沿 x、y 和 z 方向能带形状不同,这主要是由于 As—As 共价键的形成导致的,特别是 $Ca_5Ga_2As_6$ 的价带或导带沿 X—S 方向的能带有效质量都很大,这会导致该方向上塞贝克系数明显大于另外两个方向,而 Ca_3GaAs_3 沿 x、y 和 z 方向的各向异性明显小于 $Ca_5Ga_2As_6$。综上,As—As 键的存在导致 $Ca_5Ga_2As_6$ 的能带各向异性大于 Ca_3GaAs_3。为了更深入地了解 As—As 键的存在对 $Ca_5Ga_2As_6$ 和 Ca_3GaAs_3 电子结构的影响,图 3-11 给出了这两种材料的总态密度和分态密度（见书末彩插）,可以看出,As—As 键的存在对电子结构的影响非常大。

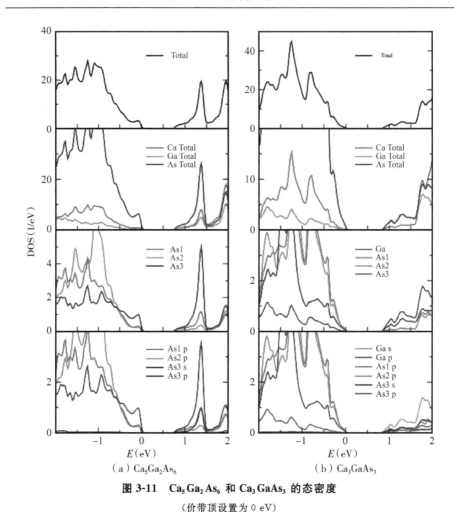

图 3-11　$Ca_5Ga_2As_6$ 和 Ca_3GaAs_3 的态密度

（价带顶设置为 0 eV）

3.2.3　态密度

从图 3-11 可以看出，$Ca_5Ga_2As_6$ 和 Ca_3GaAs_3 的价带顶和导带底的态密度主要是由 As 原子贡献的。两者态密度最大的不同是 $Ca_5Ga_2As_6$ 的导带底有一个尖锐的峰值，这和通过掺杂在费米能级附近形成共振态的效果一样，增大了电子态密度的有效质量，有利于塞贝克系数的提高。仔细分析发现，这个峰值主要来源于 As—As 共价键，所以可以通过调节化合物中元素的比例来形成这样的共价键，从而提高该材料的塞贝克系数。对比这两种材料的态密度还可以看出，$Ca_5Ga_2As_6$ 中 3 种元素的杂化强度明显弱于 Ca_3GaAs_3 中

3 种元素的杂化强度,因为 $Ca_5Ga_2As_6$ 中的一部分 As 参与了 As—As 的形成,这也可能是 $Ca_5Ga_2As_6$ 能隙值小于 Ca_3GaAs_3 的原因。

对比图 3-12(a)和图 3-12(b)可以看出,$Ca_5Ga_2As_6$ 和 Ca_3GaAs_3 价带顶的能带分解电荷密度最大的不同是 $Ca_5Ga_2As_6$ 中的电子主要分布在 As3 原子,即形成 As—As 共价键的那个 As 原子的周围,同时在 Ga—As1—As3 这 3 个原子间有少量的电荷分布,因此,p 型 $Ca_5Ga_2As_6$ 的电输运性质主要是由形成 As—As 共价键的 As 原子决定的,同时 As3 周围的电荷分布呈现 p 型轨道的特征,这和图 3-11 中给出的价带顶费米能级附近的态密度主要来自 As3 的 p 轨道的结果一致。图 3-12(a)也展示了 p 型 $Ca_5Ga_2As_6$ 的电荷通过 As1—Ga—As1 形成了一维的链状电荷分布,这和能带图 3-10 给出的能带沿着 Z 方向有很大的弥散性的结果一致。所以不论 $Ca_5Ga_2As_6$ 或 Ca_3GaAs_3,四面体通过角共享形成的一维链状结构都有助电荷的传输,从而导致沿该方向产生更大的电导率。Ca_3GaAs_3 的电荷在 As1、As2、As3 周围都有分布,且相邻的两个四面体之间都有少量的电荷分布。从图 3-12(b)可以看出,As1、As2、As3 周围的电荷分布呈现 p 轨道、p 轨道和 sp 轨道杂化的特征,这和图 3-11 给出的结果一致。Ca_3GaAs_3 与 p 型 $Ca_5Ga_2As_6$ 的电荷密度对比,很容易得出 $Ca_5Ga_2As_6$ 的电荷密度的各向异性明显小于 Ca_3GaAs_3 电荷的各向异性,$Ca_5Ga_2As_6$ 相应的电输运性质的各向异性也应该小于 Ca_3GaAs_3 的,这可以从下面电输运性质的讨论中得到验证。

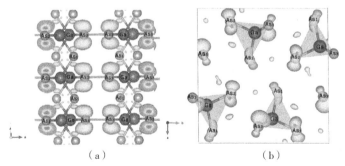

(a)$Ca_5Ga_2As_6$ 价带顶的两条简并能带的能带分解电荷密度;(b)Ca_3GaAs_3 价带顶的能带分解电荷密度。

图 3-12　$Ca_5Ga_2As_6$ 和 Ca_3GaAs_3 的能带分解电荷密度

3.2.4　热电特性

由于影响热电特性的两个参数塞贝克系数和电导率对载流子浓度的依赖关系是相反的,所以寻找它们之间的平衡,找到最优载流子浓度,探究 As—As 键对最优掺杂浓度和电子输运性质的影响非常重要。本节采用半经典玻尔兹曼理论和电子常数弛豫时间近似,研究 Ca_3GaAs_3 与 $Ca_5Ga_2As_6$ 的电输运性质。由于计算一个复杂晶格结构的晶格热导率难度很大,这里采用最小晶格热导率的估算式(3-7)[24-25],算出了这两种材料的最小晶格热导率的值,并把它们列在表 3-2 中。

在一个材料中的平均声速可以用式(3-7)计算[26]:

$$\upsilon_m =\Big[\frac{1}{3}\Big(\frac{2}{\upsilon_s^3}+\frac{1}{\upsilon_l^3}\Big)\Big]^{-1/3}。 \tag{3-7}$$

通过 Voigt-Reuss-Hill 近似[27],基于材料的弹性常数矩阵可以估算出 B 和 G。材料的弹性常数可以通过应力-应变的方法得到。

表 3-2 表明 $Ca_5Ga_2As_6$ 或 Ca_3GaAs_3 的最小晶格热导率分别是 $0.69 \ W \cdot m^{-1}K^{-1}$ 和 $0.65 \ W \cdot m^{-1}K^{-1}$,这些最低晶格热导率和其他 Zintl 相化合物 $Ca_5Al_2Sb_6(0.53 \ W \cdot m^{-1}K^{-1})$ 和 $Ca_5Ga_2Sb_6(0.5 \ W \cdot m^{-1}K^{-1})$ 的最低晶格热导率非常接近[28],这可能和它们复杂的晶格结构有关系。另外,也证明式(3-7)在估算最小晶格热导率上是可靠的。众所周知,在德拜温度以上,晶格热导率和温度成反比,在比较高的温度下接近最小晶格热导率,所以本节用最小晶格热导率估算不同温度下的 ZT,得到的结果偏大,但这不影响本节的研究目的。

表 3-2　$Ca_5Ga_2As_6$ 或 Ca_3GaAs_3 的最小晶格热导率及其相关的参数

晶体名称	C_{11}	C_{12}	C_{13}	C_{44}	C_{66}	ρ	B	G	υ_s	υ_l	D	κ_{min}
$Ca_5Ga_2As_6$	89	22	29	33	32	4.17	48	32	2610	4540	322	0.69
Ca_3GaAs_3	74	30	27	29	29	3.93	45	28	2670	4580	302	0.65

注:C_{ij} 为 $Ca_5Ga_2As_6$ 或 Ca_3GaAs_3 的弹性常数,GPa;ρ 为密度,$g \cdot cm^{-3}$;B 为体弹模量,GPa;G 为剪切模量,Gpa;υ_s、υ_l 分别为剪切声速和纵向声速,$m \cdot s^{-1}$;κ_{min} 为最小晶格热导率,$W \cdot m^{-1}K^{-1}$。

　　图 3-13 分别给出了 $Ca_5Ga_2As_6$ 和 Ca_3GaAs_3 在不同温度下的平均输运性质随载流子浓度的变化(见书末彩插),对比图 3-13(a)和图 3-13(b)可知,这两种材料不论 n 型或是 p 型,不同温度下的塞贝克系数随载流子浓度的变化规律非常接近,且相同温度和载流子浓度下这两种材料的塞贝克系数的大小相差不大,这可能是由于能带简并度和能带有效质量综合作用的结果。但由于 As—As 键的存在使得 $Ca_5Ga_2As_6$ 的能带有效质量沿 x 和 y 方向都明显大于 Ca_3GaAs_3 的,所以相同温度和载流子浓度下 $Ca_5Ga_2As_6$ 的电导率远小于 Ca_3GaAs_3 的,由于它们的最小塞贝克系数相差不大,所以相同温度和载流子浓度下,$Ca_5Ga_2As_6$ 的功率因子和 ZT 都明显小于 Ca_3GaAs_3 的,因此,As—As 键的存在不利于平均热电特性的提高。

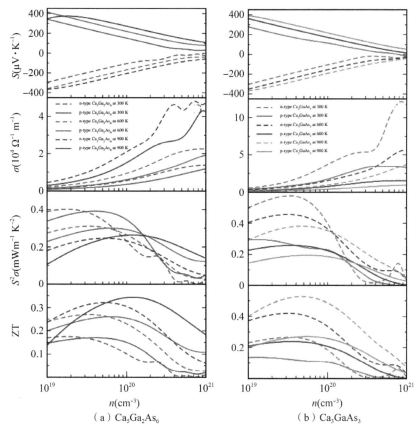

图 3-13　$Ca_5Ga_2As_6$ 和 Ca_3GaAs_3 的输运性质随载流子浓度的变化情况

图 3-14 给出了 $Ca_5Ga_2As_6$(a)和 Ca_3GaAs_3(b)在不同温度下沿 x、y 和 z 3 个方向输运性质随载流子浓度的变化规律(见书末彩插)。可以看出,由于能带简并度和能带有效质量综合作用的结果导致这两种材料的塞贝克系数的各向异性小于电导率的各向异性,所以能带简并度对塞贝克系数的影响至关重要。将图 3-14(a)和图 3-14(b)对比发现,由于 As－As 键的影响,$Ca_5Ga_2As_6$ 的能带各向异性明显小于 Ca_3GaAs_3 的,这一差别主要体现在电导率上,因为塞贝克系数是能带简并度和能带有效质量综合作用的结果,体现不出各向异性对它的影响。通过仔细对比分析发现,不论 $Ca_5Ga_2As_6$ 或是 Ca_3GaAs_3,都是沿四面体通过角共享形成的一维链状结构的方向电导率最大,也即是图 3-14 中的 z 方向,由于两者的塞贝克系数的各向异性很小且塞贝克系数的大小也非常接近,所以功率因子和 ZT 最大值都是由电导率决定

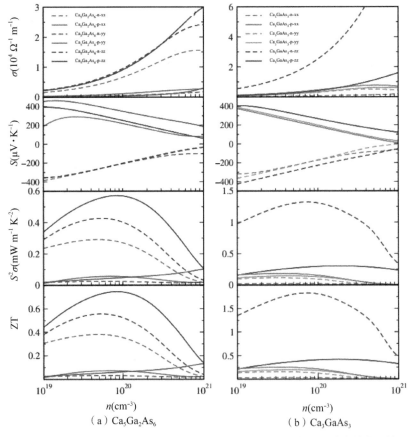

(a)$Ca_5Ga_2As_6$ (b)Ca_3GaAs_3

图 3-14 $Ca_5Ga_2As_6$ 和 Ca_3GaAs_3 的各向异性的输运性质随载流子浓度的变化情况

的,也是沿着 z 方向产生的。

3.2.5　小结

本节通过对比研究发现由于 $Ca_5Ga_2As_6$ 中 As—As 键的存在导致它的晶格结构、电子结构和热电特性的各向异性明显小于 Ca_3GaAs_3 的。两者沿着 z 方向也就是四面体通过角共享形成的一维链状结构的方向电导率最大,而塞贝克系数的大小是能带简并度和能带有效质量综合作用的结果,所以塞贝克系数的各向异性非常小。两者最小晶格热导率相差不大。最终估算得出 Ca_3GaAs_3 的 ZT 最大值是 $Ca_5Ga_2As_6$ 的 2 倍多,所以 As—As 键的存在减小了材料的各向异性,不利于热电特性的提高。

3.3　$Sr_5Al_2Sb_6$ 和 $Ca_5Al_2Sb_6$ 电子结构和热电特性差异的微观机制

Zintl 相化合物是一种由阴离子基团和阳离子组成的具有广阔应用前景的新型热电材料。阴离子基团中的原子通过共价键连接在一起,而阳离子散落在阴离子基团之间,为阴离子基团提供价电子,并与其形成离子键。由于离子键和共价键共存,Zintl 相化合物具有复杂的晶体结构和大的晶胞,表现出了"电子晶体-声子玻璃"的特征。[29-31]$Sr_5Al_2Sb_6$ 是已经被实验研究过的价态精确的 Zintl 相化合物[8]。$Ca_5Al_2Sb_6$ 是由角共享的 MSb_4 四面体形成的一维长链,且相邻两个一维链通过 Sb—Sb 共价键连接在一起,形成梯子形结构。$Sr_5Al_2Sb_6$ 的两个四面体以角共享和边共享交替出现,且每个 $A_5M_2Pn_6$ 单元都有一个 Sb 悬挂键,从而形成扭曲的一维螺旋结构。因此,$Sr_5Al_2Sb_6$ 与 $Ca_5Al_2Sb_6$ 具有相似却又不同的晶体结构。很显然,$Sr_5Al_2Sb_6$ 结晶学原胞中有 52 个原子,$Ca_5Al_2Sb_6$ 的结晶学原胞中只有 26 个原子,所以前者比后者的晶格结构复杂,应该有较低的晶格热导率,这和实验结果一致[32]。正是 $Sr_5Al_2Sb_6$ 和 $Ca_5Al_2Sb_6$ 之间的差异,激发我们去研究它们的电子结构和热电性质。

3.3.1 晶体结构

$Sr_5Al_2Sb_6$ 和 $Ca_5Al_2Sb_6$ 都属正交晶系,它的空间群为 Pnma。$Sr_5Al_2Sb_6$ 的结晶学原胞中的 52 个原子,其中 Sr 有 2 种不等价位原子,Sb 有 5 种不等价位原子,Al 有 2 种不等价位原子。优化后的 $Sr_5Al_2Sb_6$ 的晶格常数分别为 $a=11.927$ Å,$b=10.225$ Å,$c=13.109$ Å。图 3-15 给出了 $Sr_5Al_2Sb_6$ 的晶体结构(见书末彩插),可以看出,$Sr_5Al_2Sb_6$ 是由螺旋状的无限扭曲的链状结构组成的,这些链是由角共享和边共享的 $AlSb_4$ 四面体沿着 a 方向组成的,这个一维链沿 c 方向来回振荡。为维持整个体系的电荷平衡,Sr 原子散落在四面体链之间。图 3-16 给出了 $Ca_5Al_2Sb_6$ 的晶格结构(见书末彩插),$AlSb_4$ 四面体通过角共享形成一维链状结构,相邻的两个链之间通过 Sb—Sb 共价键形成了梯子形结构。优化后 $Ca_5Al_2Sb_6$ 的晶格常数分别为 $a=12.1243$ Å,$b=14.0929$ Å,$c=4.51040$ Å。$Sr_5Al_2Sb_6$ 和 $Ca_5Al_2Sb_6$ 的阴离子基团相同,阳离子属于同一主族的元素,它们的晶格结构为什么有这么大的差别呢?这么大的差别对电子结构和热电特性有什么样的影响呢?

在 3.1.1 中,探究了 Ga 和 Sn 电子组态的不同对 $Ca_5Ga_2As_6$ 和 $Ca_5Sn_2As_6$ 晶格结构、电子结构和热电特性的影响,发现 $Ca_5Ga_2As_6$ 中 As—As 键的存在不利于材料热电特性的提高。3.1.2 从元素组分的不同分析 $Ca_5Ga_2As_6$ 和 Ca_3GaAs_3 的晶格结构、电子结构和热电特性,进一步证明了 $Ca_5Ga_2As_6$ 中 As—As 键的存在不利于材料热电特性的提高。$Sr_5Al_2Sb_6$ 和 $Ca_5Al_2Sb_6$ 的阴离子基团相同,阳离子属于同一主族的元素,元素组分也相同,是什么原因导致它们晶格结构不同的呢?仔细分析发现,产生这个差别的原因和阳原子电负性及离子半径大小密切相关。由于这两种材料组成原子的价电子组态分别是 Sr $5s^2$,Al $3s^23p^1$,Sb $5s^25p^3$,Ca $4s^2$,Sr(0.95)的泡利电负性小于 Ca(1.00)的,所以 Sr 失去最外层价电子的能力要强于 Ca 原子,所以 5 个 Sr 失去 10 个价电子给 Al_2Sb_6,其中 2 个 Al 得到 2 个价电子后分别和周围 4 个 Sb 形成共价键,边共享的 2 个 Sb1 原子各得到 1 个价电子,角共享的 1 个 Sb3 原子得到 1 个价电子,Sb4 和 Sb5 分别得到 2 个价电子,Sb2 得到 1 个价电子,所以 $Sr_5Al_2Sb_6$ 的组成元素所带电荷可以写成 $(Sr^{2+})_5(Al^+)_2(Sb^{2-})_2(Sb^-)_4$。而对于 $Ca_5Al_2Sb_6$ 来说,5 个 Ca 失去 10 个

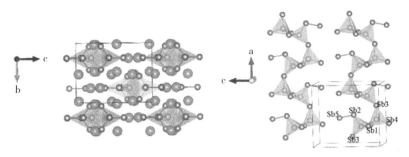

图 3-15　Sr₅Al₂Sb₆ 的晶体结构

其中,绿色大球代表 Sr 原子,蓝色小球代表 Al 原子,而棕色小球代表 Sb 原子。Sb1、Sb2、Sb3、Sb4 和 Sb5 标记的是晶格结构中不等价的 Sb 原子。

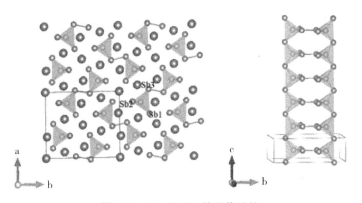

图 3-16　Ca₅Al₂Sb₆ 的晶体结构

其中,较大的蓝色球是 Ca 原子,较小的蓝色球是 Al 原子,较小的棕色球是 Sb 原子。Sb1、Sb2 和 Sb3 标记的是晶格结构中不等价的 Sb 原子。

价电子给 Al₂Sb₆,2 个 Al 得到两个价电子分别和周围 4 个 Sb 形成共价键,角共享的 2 个 Sb 原子分别得到 1 个价电子,形成 Sb－Sb 共价键的 2 个 Sb 原子分别得到 1 个价电子,既不是角共享又没有形成 Sb－Sb 共价键的 2 个 Sb 原子各需要得到 2 个价电子,所以 Ca₅Al₂Sb₆ 的组成元素所带电荷可以写成 $(Ca^{2+})_5(Al^-)_2(Sb^{2-})_2(Sb^-)_4$,可见这两种化合物中各元素所带的电荷从理论上分析是一样的,但由于 Ca 的电负性比 Sr 的大,所以 Ca 调控外层电子的能力比 Sr 强,而 Sr 较强的失电子能力导致不需要借助于相邻的一维链,只在单链中就达到每个组成元素最外层 8 个电子的稳定结构,但由于边共享、角共享和悬挂 Sb 的原因,导致一维链中两个相邻四面体受力不平衡,所以 Sr₅Al₂Sb₆ 结构中的一维链成螺旋状[33-36]。上面只是基于原子组态和电负性的角度分析的结果,期待其他研究者更深入的分析。

3.3.2 掺杂提高 $Sr_5Al_2Sb_6$ 的热电特性

Zevalkink 等的实验研究表明正是由于 $Sr_5Al_2Sb_6$ 相对较低的载流子浓度,导致了其相对较小的电导率,使得其热电性质不太理想[38]。Zevalkink 等曾试图通过 Zn 替代 Al 位,对 $Sr_5Al_2Sb_6$ 进行空穴载流子浓度的调控,而对掺杂样品的载流子浓度与未掺杂 $Sr_5Al_2Sb_6$ 的相比,掺杂 $Sr_5Al_2Sb_6$ 的载流子浓度仅有轻微的增加,这说明通过 Zn 替代 Al 进行掺杂增加 $Sr_5Al_2Sb_6$ 载流子浓度的想法是行不通的。出现这种现象的原因可以通过 Zn 掺杂 $Sr_5Al_2Sb_6$ 的形成能解释。受到关于 $Ca_5Al_2Sb_6$ 掺杂工作[5-6](Zn 掺杂到 Al 位,或是 Mn 掺杂到 Al 位)的启发,本书研究了不同种类掺杂的 $Sr_5Al_2Sb_6$ 的形成能。

形成能定义为:

$$E_f = E_{doped} - E_{undoped} - E_A + E_B。 \tag{3-8}$$

其中,E_{doped} 和 $E_{undoped}$ 分别是掺杂状态和未掺杂状态下的 $Sr_5Al_2Sb_6$ 在最稳定状态时的总能量,E_A 和 E_B 则分别是被掺杂原子和掺杂原子的能量。本书只选取一个原子作为被掺杂的原子,因此,对于 Na 或者是 K 掺杂 Sr 位来说,其掺杂浓度为 0.05,而对于 Zn 或者是 Mn 掺杂 Al 位来说,其掺杂浓度则为 0.125。它们的形成能如表 3-3 所示。可以看出,Zn 掺杂 $Sr_5Al_2Sb_6$ 的形成能为 15.80 eV,也就是说,Zn 并不是提高 $Sr_5Al_2Sb_6$ 空穴载流子浓度的合适掺杂元素,这与实验结果相吻合。K 和 Na 在 Sr 位掺杂的形成能分别为 5.20 eV 和 −3.32 eV,这就表明,Na 掺杂 Sr 位的 $Sr_5Al_2Sb_6$ 要比 K 掺杂 Sr 位的 $Sr_5Al_2Sb_6$ 更稳定,因此,Na 掺杂 $Sr_5Al_2Sb_6$ 更容易实现,且提高载流子浓度的可能性会更大。出现这一结果的原因可能是由于 Na 的半径要比 K 的小,更容易被掺进去。计算出来的 Mn 掺杂 Al 位的形成能为 −6.58 eV,这说明,Mn 掺杂 Al 位也非常容易实现,且很可能会提高空穴载流子的浓度。因此,对 $Sr_5Al_2Sb_6$ 进行 Sr 位掺杂 Na、Al 位掺杂 Mn 对 $Sr_5Al_2Sb_6$ 空穴载流子浓度提高的可能性很大。

表 3-3　不同掺杂形式的 $Sr_5Al_2Sb_6$ 的形成能

掺杂类型	A＝Sr,B＝Na	A＝Sr,B＝K	A＝Al,B＝Zn	A＝Al,B＝Mn
形成能(eV)	−3.32	5.20	15.80	−6.58

注:A 为被掺杂原子,B 为掺杂原子。

3.3.3　电子结构

从上述讨论可知,$Sr_5Al_2Sb_6$ 具有与 $Ca_5Al_2Sb_6$ 不同的晶格结构,那么它们的电子结构又有什么不同呢? 这样的不同又会对电子输运有什么影响呢? 由于物质的输运性质主要是受费米面附近电子结构的影响,因此,本书将会把研究重点放在能带的价带顶(VBM)和导带底(CBM)。$Sr_5Al_2Sb_6$ 和 $Ca_5Al_2Sb_6$ 的能带结构如图 3-17 所示。该图表明,$Ca_5Al_2Sb_6$ 是一个带隙为 0.53 eV 的直接带隙半导体,其价带顶和导带底都位于 Γ 点;$Sr_5Al_2Sb_6$ 是一个带隙为 0.78 eV 的间接带隙半导体,其价带顶位于 Γ 点,而导带底位于 Γ 点和 Z 点中间。比较 $Ca_5Al_2Sb_6$ 与 $Sr_5Al_2Sb_6$ 的能带结构可以发现,$Sr_5Al_2Sb_6$ 的价带顶和导带底的能带的弥散度均比 $Ca_5Al_2Sb_6$ 的小。由于能带弥散度越大,能带的有效质量就越小,因此,$Sr_5Al_2Sb_6$ 的价带顶和导带底的能带有效质量要比 $Ca_5Al_2Sb_6$ 的大,即无论是 p 型还是 n 型的 $Sr_5Al_2Sb_6$,可能都具有较大的塞贝克系数和较低的电导率。为了研究 $Sr_5Al_2Sb_6$ 价带的

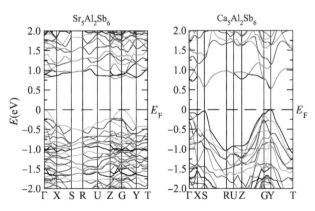

图 3-17　$Sr_5Al_2Sb_6$ 和 $Ca_5Al_2Sb_6$ 的能带结构

(价带顶设置为 0 eV)

各向异性,本书计算了其价带各个方向的能带有效质量,如式(3-9):

$$m^* = \hbar \left[\frac{\mathrm{d}^2 E(K)}{\mathrm{d}K^2} \right]_{E(K)=E_f}^{-1} \text{。} \tag{3-9}$$

计算结果表明,$m_x = -0.43m_e$(沿着 Γ−X 方向),$m_y = -1.04m_e$(沿着 Γ−Y 方向),$m_z = -0.39m_e$(沿着 Γ−Z 方向),也即是沿 y 方向的能带有效质量的绝对值要比沿 x 和沿 z 方向上的要大。所以沿 y 方向的塞贝克系数会比沿 x 方向和沿 z 方向上的大。下面分态密度的研究表明,导致两者能带结构差别的原因是它们晶格结构的不同,特别是 Sb 原子在晶格结构中的不等价位。

$Sr_5Al_2Sb_6$ 和 $Ca_5Al_2Sb_6$ 的各个原子总的态密度分布、分轨道态密度分布及各个种类原子的态密度分布分别表示在图 3-18、图 3-19(见书末彩插)和图 3-20(见书末彩插)。从图 3-18 和图 3-19 可以看出,$Ca_5Al_2Sb_6$ 和 $Sr_5Al_2Sb_6$ 的价带顶主要是由 Sb 原子组成,$Sr_5Al_2Sb_6$ 的导带底则是由 Sb、Sr 和 Al 共同组成的,而 $Ca_5Al_2Sb_6$ 的导带底主要由 Sb 和 Ca 组成,这和前面关于电负性的讨论结果一致,主要是 Ca 的电负性比 Sr 的大,也就是说 Sr 失去电子的能力比 Ca 强,所以在导带态密度中 Sr 所占比例比 Ca 大。图 3-20 表明,$Sr_5Al_2Sb_6$ 的价带顶主要由 Sb1 贡献,导带主要由 Al2 贡献;$Ca_5Al_2Sb_6$ 的价带顶主要由 Sb2 贡献,导带主要由 Sb3 贡献,由于 Sb−Sb 反键态相互作用,使得在费米能级附近 1 eV 能量范围附近出现了一个态密度峰。为了更深入理解 Al−Sb 共价键不同对这两种材料性质产生的影响,这两种物质中 Al−Sb 键的键长如表 3-4 所示。可以看出,虽然 Sr 离子半径大于 Ca 的,但在 $Ca_5Al_2Sb_6$ 中的 Al−Sb3 的键长比 $Sr_5Al_2Sb_6$ 中其他 Al−Sb 键的键长都

表 3-4　$Sr_5Al_2Sb_6$ 和 $Ca_5Al_2Sb_6$ 中 Al 原子和 Sb 原子之间的键长

单位:Å

材料	成键种类和键长		
$Ca_5Al_2Sb_6$	Al−Sb1	Al−Sb2	Al−Sb3
	2.74	2.70	2.83
$Sr_5Al_2Sb_6$	Al1−Sb1	Al1−Sb2	Al1−Sb3
	2.66	2.73	2.66
	Al2−Sb1	Al2−Sb3	Al2−Sb4
	2.69	2.76	2.65

长,这导致 Al 和 Sb3 共享的电荷数小于其他 Al 和 Sb 原子,所以 $Ca_5Al_2Sb_6$ 的导带主要由 Sb3 组成,而在 $Ca_5Al_2Sb_6$ 中,Al—Sb2 的键长最短,这说明 Sb2 原子得到足够多的电子,所以 $Ca_5Al_2Sb_6$ 的价带主要由 Sb2 组成。在 $Sr_5Al_2Sb_6$ 中,Sb2 原子不单与 Al 原子形成共价键,也与 Sb5 原子形成共价键,Sb5 与 Sb2 原子的键长为 2.88 Å,然而 $Ca_5Al_2Sb_6$ 中的相邻两个 Sb3 原子之间的键长为 2.84 Å。

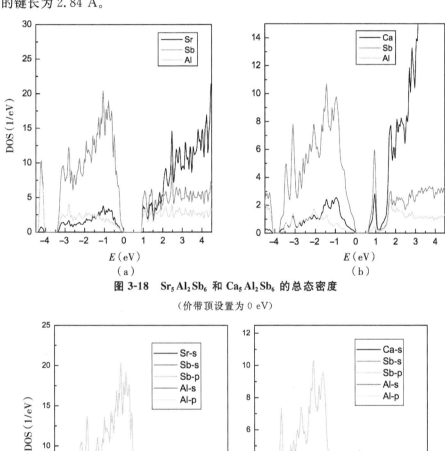

图 3-18　$Sr_5Al_2Sb_6$ 和 $Ca_5Al_2Sb_6$ 的总态密度

（价带顶设置为 0 eV）

图 3-19　$Sr_5Al_2Sb_6$ 和 $Ca_5Al_2Sb_6$ 的分态密度

（价带顶设置为 0 eV）

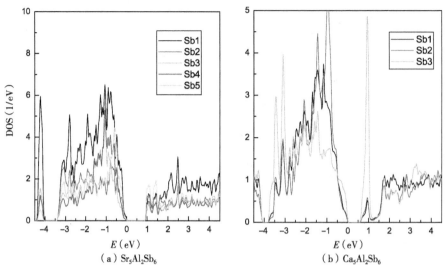

图 3-20　$Sr_5Al_2Sb_6$ 和 $Ca_5Al_2Sb_6$ 中 Sb 和 Al 的分态密度

（价带顶设置为 0 eV）

因此，$Ca_5Al_2Sb_6$ 中的 Sb－Sb 共价键的相互作用要比 $Sr_5Al_2Sb_6$ 中的强。在 $Sr_5Al_2Sb_6$ 中，Al－Sb4 的共价键键长比这两种化合物中所有的共价键都短，说明在这两种化合物中 Al－Sb4 中两个原子之间的相化作用力是最大的，所以 $Sr_5Al_2Sb_6$ 的带隙比 $Ca_5Al_2Sb_6$ 的大。由于 $Sr_5Al_2Sb_6$ 中，Al－Sb 的键长差别不大，因此，所有不等价的 Sb 原子都对导带底和价带顶有贡献，这和前面基于电子组态和元素电负性的分析结果一致。

为了更深层次地理解这两种材料电子结构的不同，图 3-21 给出了 $Sr_5Al_2Sb_6$ 和 $Ca_5Al_2Sb_6$ 导带底的能带分解电荷密度。可以看出，$Sr_5Al_2Sb_6$ 的电荷密度主要分布在 Sb5 和 Sb2 原子周围，这与图 3-20 中 $Sr_5Al_2Sb_6$ 导带底上 Sb2 和 Sb5 较高的态密度分布是相对应的。$Sr_5Al_2Sb_6$ 中的 Sb2 与 Sb5 原子之间就与 $Ca_5Al_2Sb_6$ 中的 Sb3－Sb3 共价键的地位类似，都是通过 Sb－Sb 形成共价键，但是 Sb2 和 Sb5 的态密度要比 $Ca_5Al_2Sb_6$ 中 Sb3 周围的低很多。而 $Ca_5Al_2Sb_6$ 导带底的电荷主要分布在相邻两个 Sb3 的周围，只有很少量的电荷分布在 Sb1 和 Sb2 的周围，这些分布态密度分布图中 Sb3 的态密度峰是一致的。可见，在阴离子基团相同的情况下，同一主族的 Ca 和 Sr 原子电负性的不同，对材料的晶格结构和电子结构影响非常大，这样的不同对电子输运性质会有怎样的影响呢？

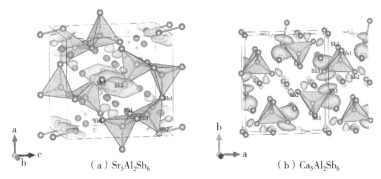

（a）$Sr_5Al_2Sb_6$　　　　　　　　（b）$Ca_5Al_2Sb_6$

图 3-21　$Sr_5Al_2Sb_6$ 和 $Ca_5Al_2Sb_6$ 导带底的能带分解电荷密度

（等值面设置为 0.001）

3.3.4　输运性质

一种具有应用前景的热电材料必须具有大的塞贝克系数、高的电导率及低的热导率。正如前面提到的，$Sr_5Al_2Sb_6$ 具有较低的热导率，因此，想要提高其热电性质，有效且可行的办法就是提高材料的热电功率因子 $S\sigma^2$ 和进一步降低热导率。但是，材料的塞贝克系数和电导率对载流子浓度依赖是相反的。因此，需要找到一个合适的载流子浓度使得 $Sr_5Al_2Sb_6$ 的塞贝克系数和电导率达到一个平衡。本书采用半经典玻尔兹曼方法，在不考虑具体掺杂剂类型的情况下，模拟了在温度为 500 K 和 800 K 时 $Sr_5Al_2Sb_6$ 的输运性质随载流子浓度（$1\times10^{19}\sim5\times10^{21}$ cm^{-3}）的变化规律，计算结果如图 3-22 所示（见书末彩插）。为了比较，在 800 K 时 $Ca_5Al_2Sb_6$ 的输运性质随着载流子浓度的变化在图 3-22 中也列出了，其中，$Sr_5Al_2Sb_6$ 比 $Ca_5Al_2Sb_6$ 有更高的塞贝克系数和更低的电导率。

从图 3-22 可以看出，500 K 时，$Sr_5Al_2Sb_6$ 的塞贝克系数与载流子成反比；800 K 时，n 型的 $Sr_5Al_2Sb_6$ 在载流子浓度低于 7.4×10^{19} cm^{-3} 时，出现了很明显的双极化效应。众所周知，双极化效应是不利于材料热电性能提高的，它是由两种不同类型的载流子同时参与了输运引起的；n 型的 $Ca_5Al_2Sb_6$ 在更低的载流子浓度时就已经出现了双极化效应，这可能是由于前者的带隙大于后者，所以通过电负性调节材料的带隙，使得双极化效应出现在最优载流子浓度前，从而有利于提高热电转换效率。如图 3-22 所示，当载流子浓度相同时，n 型 $Sr_5Al_2Sb_6$ 的塞贝克系数比 p 型的高，但是 p 型 $Sr_5Al_2Sb_6$ 的各向异

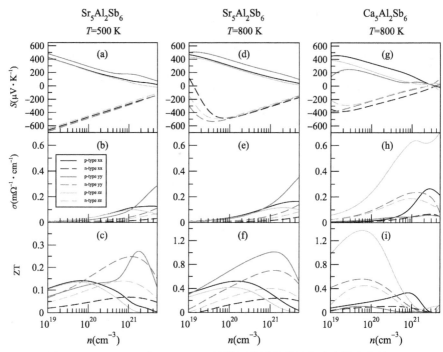

图 3-22　$Sr_5Al_2Sb_6$ 和 $Ca_5Al_2Sb_6$ 的输运性质随载流子浓度的变化情况

性却比 n 型的大。这是因为对于一个给定的费米能,塞贝克系数与态密度的有效质量成正比。[32] 态密度有效质量为:

$$m_{DOS}^* = (m_{xx}^* m_{yy}^* m_{zz}^*)^{1/3} N^{2/3} 。 \tag{3-10}$$

其中,N 为能带简并度;m_x、m_y、m_z 分别为沿 x、y 和 z 3 个方向的能带有效质量。如图 3-17 所示的能带结构,$Sr_5Al_2Sb_6$ 导带底沿各个方向的能带弥散度都比较小,意味着它们的能带有效质量比较大,相应 n 型 $Sr_5Al_2Sb_6$ 各个方向的塞贝克系数也比较大,而价带顶具有较强的弥散性,因此,n 型 $Sr_5Al_2Sb_6$ 的塞贝克系数比 p 型 $Sr_5Al_2Sb_6$ 的大。

图 3-22(b)和图 3-22(e)给出了 $Sr_5Al_2Sb_6$ 的电导率随载流子浓度的变化情况。由于 BoltzTrap 软件包在处理电子弛豫时间时采用的是常数弛豫时间,认为电子弛豫时间不随温度和载流子浓度的变化而变化,所以计算得到的电导率是 σ/τ,为了去掉弛豫时间 τ。本书依据同样温度、同样载流子浓度下实验测得的 σ 值[8]和 σ/τ 比较得到 τ。从文献[8]中可以得到,在温度为 800 K、载流子浓度的值为 1.2×10^{19} cm^{-3} 时,电导率 943 Ω^{-1}m^{-1}。在相同温度和载流子浓度下的理论计算的 σ/τ 为 7.6×10^{16} Ω^{-1}m^{-1}s^{-1},将这两个值对比可以

得到 $Sr_5Al_2Sb_6$ 的弛豫时间为 $1.24×10^{-14}$ s。在只考虑电子和声子相互作用情况下,弛豫时间 $\tau \propto n^{-1/3}T^{-1}$,对于 $Sr_5Al_2Sb_6$,根据以上结果和各个参数的数值,弛豫时间 τ 可以表述为:

$$\tau = 2.5×10^{-5}T^{-1}n^{-1/3}。 \tag{3-11}$$

其中,弛豫时间 τ 的单位是 s,载流子 n 的单位是 cm^{-3}。在温度为 800 K 时,式(3-11)可以写成 $\tau = 2.8×10^{-8}n^{-1/3}$。通过计算得到的弛豫时间乘以 σ/τ,这样就能去掉弛豫时间得到电导率 σ,如图 3-22(b)、图 3-22(e)、图 3-22(h)所示。比较这 3 幅图可以看出,$Ca_5Al_2Sb_6$ 电导率的各向异性明显大于 $Sr_5Al_2Sb_6$ 的。p 型 $Sr_5Al_2Sb_6$ 的电导率明显高于 n 型 $Sr_5Al_2Sb_6$ 的,这是由于 $Sr_5Al_2Sb_6$ 导带底有相对较大的能带有效质量。另外,p 型 $Sr_5Al_2Sb_6$ 的电导率沿 y 方向先减小后增加,这是因为,随着掺杂浓度的增大,费米面会移向价带部分,也就是说,随着空穴载流子浓度的增加,p 型 $Sr_5Al_2Sb_6$ 价带顶附近的能带有效质量也会发生变化。由图 3-17 可以看出,$Sr_5Al_2Sb_6$ 能带的价带顶附近 $\Gamma-Y$ 方向的能带有效质量要比其他两个方向的能带有效质量大。因此,当进行轻掺杂时,p 型 $Sr_5Al_2Sb_6$ 的 y 方向的电导率会比其他两个方向小。然而,当载流子浓度大于 $1.26×10^{21}cm^{-3}$ 时,随掺杂浓度的增大,费米面下降,当费米面降到 -0.25 eV 左右时,各个方向的能带有效质量分别是 $m_x = -3.67m_e$,$m_y = -0.14m_e$,$m_z = 10.36m_e$。因此,此时 p 型 $Sr_5Al_2Sb_6$ 的电导率沿 y 方向的是最大值。而 $Ca_5Al_2Sb_6$ 价带顶附近沿各个方向的能带有效质量分别为 $m_x = -2.17m_e$,$m_y = -0.28m_e$,$m_z = -0.22m_e$,由此可得,对于 p 型 $Ca_5Al_2Sb_6$ 来说,z 方向的电导率要比其他两个方向的高。随着费米面的下移,沿 $\Gamma-Z$ 方向的能带的弥散度一直都是比较大的,也就是说,随着掺杂浓度的增加,p 型 $Ca_5Al_2Sb_6$ 沿 z 方向的电导率一直都是比较大的。

　　热电半导体优化电子的行为主要是通过有权重迁移率来衡量,权重迁移率 μ_ω 的表达式为 $\mu_\omega = \mu(m_{DOS}^*/m_e)$,其中,m_e 是电子的静止质量;由此可知,能带有效质量和能带的简并度决定了材料的电子输运特性。由图 3-17 可知,$Sr_5Al_2Sb_6$ 的价带顶沿各个方向的简并度都为 1,但在 -0.25 eV 附近,简并度变得不同。在 -0.25 eV 附近,$\Gamma-Y$ 方向的能带简并度为 2,而在 $\Gamma-X$ 和 $\Gamma-Z$ 方向的能带简并度仍为 1。结合上面的关于能带有效质量的讨论可以得到,p 型的 $Sr_5Al_2Sb_6$ 是比较理想的热电材料,尤其是它沿 y 方向的热电性质会较好。而 $Ca_5Al_2Sb_6$ 从价带顶到 -0.25 eV,简并度一直保持不变。另外,$Ca_5Al_2Sb_6$ 价带部分沿 $\Gamma-Z$ 方向的能带有效质量一直都比其他两个方向的小,因此 p 型 $Ca_5Al_2Sb_6$ 沿 z 方向应该具有较理想的热电性质。

图 3-22(c)、图 3-22(f)、图 3-22(i)分别给出了 ZT 随载流子浓度的变化规律。由于没有与晶格热导率各向异性和弛豫时间各向异性相关的实验数据,本书没有考虑晶格热导率和弛豫时间的各向异性,而是采用实验测量的晶格热导率和半经验计算出来的弛豫时间来粗略估算 ZT 沿各个方向随载流子浓度的变化情况。另外,由于实验得出 $Sr_5Al_2Sb_6$ 和 $Ca_5Al_2Sb_6$ 并不是单晶,而且没有研究它们各向异性的相关,但该工作对深入理解这两种材料由于阳离子电负性的不同引起的晶格结构、电子结构和电子输运性质的不同有一定意义。图 3-22(f)为在温度为 800 K 时,p 型 $Sr_5Al_2Sb_6$ ZT 的最大值出现在载流子浓度为 $1.26\times10^{21}\,cm^{-3}$,且沿 y 方向,最大值为 1.01;$Ca_5Al_2Sb_6$ 最大 ZT 值出现在载流子浓度为 $6.07\times10^{19}\,cm^{-3}$,沿 z 方向,最大值为 1.37。可见 $Ca_5Al_2Sb_6$ 的各向异性大于 $Sr_5Al_2Sb_6$ 的,导致在相同温度和载流子浓度下前者的最大 ZT 值大于后者,而 Ca 和 Sr 原子电负性的不同是导致这个差别的根本原因。

3.3.5 小结

本书采用第一性原理的计算方法结合半经典的玻尔兹曼理论研究了阳离子电负性的不同对 $Sr_5Al_2Sb_6$ 和 $Ca_5Al_2Sb_6$ 的晶格结构、电子结构和输运性质的影响。研究结果表明,Sr 和 Ca 由于电负性的差别,导致它们在阴离子基团相同的情况下,形成不同的晶格结构和各向异性;由于 Sr 和 Ca 失去电子的能力不同,使得阴离子 Al_2Sb_6 形成的四面体中各 Al—Sb 和 Sb—Sb 共价键的键长和键能不同,从而导致这两种材料的电子结构和电子输运性质的不同,各向异性较大的 $Ca_5Al_2Sb_6$ 有较好的输运特性。

3.4 $Sr_5Sn_2As_6$ 的电子结构和热电特性

作为一种非常有应用前景的热电材料,Zintl 相化合物具有复杂结构和窄带隙等特性。在这些化合物中,形成离子键的元素有着相差较大的电负性,而得到电子的阴离子基团中的元素由于电负性和电子组态的不同又形成了键长、键能和键角不同的共价键,所以共价键和离子键的结合是 Zintl 相材料的典型特征,其中共价结构有利于载流子传输,从而有利于电导率的提高,阳离子能够强烈地散射声子,有利于晶格热导率的降低。电负性的强弱、电子组态的不同及离子半径的大小对 Zintl 相化合物的晶格结构、电子结构和热电特性的影响探究,对于设计高性能 Zintl 相热电材料具有非常重要的意义。在 3.1 中,通过对 $Ca_5M_2As_6(M=Sn,Ga)$ 有关特性的研究,发现 M 原子电子组态的差别决定相邻一维四面体结构是否通过 As－As 键形成梯子形结构,而 As－As 键的形成对这两种材料的各向异性和费米能级附近的电子结构有非常大的影响,热电特性的研究发现 As－As 键的形成不利于材料热电特性的提高。为了进一步探究影响材料热电特性的微观机制,本节通过将 $Sr_5Sn_2As_6$ 和 $Ca_5M_2Sb_6(M=Al,Ga,In)$ 的特性对比,着重研究了 $Sr_5Sn_2As_6$ 的电子结构和热电特性。

3.4.1　晶体结构

图 3-23 给出了 $Ca_5M_2Sb_6(M=Al,Ga,In)$ 和 $Sr_5Sn_2As_6$ 的晶格结构,其中 $Ca_5M_2Sb_6$ 的相邻两个四面体通过角共享形成一维链状结构,相邻两个链通过 Sb－Sb 共价键形成梯子形结构,Ca 原子均匀分布在四面体之间,提供电荷平衡;$Sr_5Sn_2As_6$ 的相邻两个四面体通过角共享形成一维链状结构,相邻两个链的排列方式不同,Sr 均匀分布在四面体之间,提供电荷平衡。3.1 已经就这两种晶格结构给出了详细的讨论,本节就不再详述。

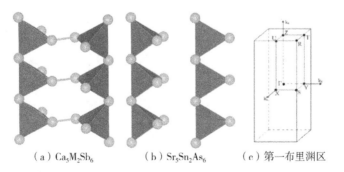

（a）$Ca_5M_2Sb_6$　　　　（b）$Sr_5Sn_2As_6$　　　　（c）第一布里渊区

图 3-23　$Ca_5M_2Sb_6$ 和 $Sr_5Sn_2As_6$ 的晶格及第一布里渊区

注:(a)中绿球代表 Sb 原子,四面体内包裹的是 M 原子;(b)中绿球代表 As 原子,四面体内包裹的是 Sn 原子;(c)$Ca_5M_2Sb_6(M=Al,Ga,In)$ 晶胞的第一布里渊区。

3.4.2　弹性和热学性能

本节通过加应力的方法来得到弹性常数探究 $Sr_5Sn_2As_6$ 的力学稳定性。用小的有限应变来优化材料晶格结构中各原子位置。然后，弹性常数就可以从应变结构和应力计算得到。下面是 $Sr_5Sn_2As_6$ 的弹性常数矩阵：

$$C_{JJ} = \begin{bmatrix} 68 & 27 & 16 & & & \\ 27 & 68 & 24 & & 0 & \\ 16 & 24 & 81 & & & \\ & & & 19 & 0 & 0 \\ & 0 & & 0 & 14 & 0 \\ & & & 0 & 0 & 30 \end{bmatrix}。$$

计算出的弹性常数矩阵(GPa)的特征值并发现所有特征值都是正的，这表明正交 $Sr_5Sn_2As_6$ 是弹性稳定的。此外，从计算出的弹性模量得到了其体积模量 $K = 39$ GPa 和剪切模量 $G = 23$ GPa，由这两个参量通过下面的讨论进一步得到最小晶格热导率(κ_{min})。在典型的热电材料中热导率 κ 是电子热导率 κ_e 和晶格热导率 κ_1 之和。在德拜温度以上的倒逆散射过程中，声子散射占主导地位，晶格热导率随温度的升高而一直降低接近至最小晶格热导率 κ_{min}。κ_{min} 在 $T > \Theta_D = 312$ K 时，可以通过式(3-4)、式(3-5)和式(3-6)近似求得。

从图 3-23 知，$Sr_5Sn_2As_6$ 原胞中含有 26 个原子。原胞中大量的原子可能导致光学振动模式的声速低从而得到低的晶格热导率。此外，Sn 和 As(Sr)之间高的质量差异同样有助于降低 $Sr_5Sn_2As_6$ 的晶格热导率[2]。如表 3-5 所示，$Sr_5Sn_2As_6$ 相对高的质量密度和低的硬度减小声速并因此降低其晶格热导率。因为 κ_1 大于 κ_{min}，可以通过降低最小晶格热导率的方法来提高 $Sr_5Sn_2As_6$ 的热电性能。从式(3-15)可以看出，降低声速是得到最小晶格热导率的方法。为了对比，同样的计算方法得到的 $Ca_5M_2Sb_6$($M = Al, Ga, In$)的相关参数如表 3-4 所示。可以看出，剪切模量 G、体弹模量 K、剪切声速 ν_s 和横波声速 ν_1 的排序为 $Ca_5Al_2Sb_6 > Ca_5Ga_2Sb_6 > Sr_5Sn_2As_6 > Ca_5In_2Sb_6$，与这些化合物最小晶格热导率的排序相反,这也验证了最小晶格热导率随声速的增大而减小。$Sr_5Sn_2As_6$ 的最小晶格热导率 $\kappa_{min}=0.47$ W·m^{-1}K^{-1},与一些已报道的好的热电材料的最小晶格热导率的大小相当,如 $Ca_5Al_2Sb_6$[0.53 W·m^{-1} K^{-1}],$Ca_5Ga_2Sb_6$[0.50 W·m^{-1}K^{-1}] 和 $Ca_5In_2Sb_6$[0.46 W·m^{-1}K^{-1}]。由于 $Ca_5M_2Sb_6$(M=Al,Ga,Sb)的热导率随载流子浓度变化表现出比较低的晶格热导率,所以 $Sr_5Sn_2As_6$ 表现出低的晶格热导率也就容易理解了。另外,经过分析发现,这些化合物的平均原子质量排序为 $Ca_5Al_2Sb_6$<$Ca_5Ga_2Sb_6$<$Sr_5Sn_2As_6$<$Ca_5In_2Sb_6$,证明晶格硬度减少的原因是重原子的原子轨道更加分散,导致相邻原子电子密度的重叠度较低。因此,较重元素的掺入可能使晶格热导率更低的。

表 3-5 $Sr_5Sn_2As_6$ 和 $Ca_5M_2Sb_6$(M=Al,Ga,In)化合物的物理性质

M	ρ	G	K	Y	ν_s	ν_1	κ_{min}
$Sr_5Sn_2As_6$	4.99	23	39	58	2147	3749	0.47
$Ca_5Al_2Sb_6$	4.31	25	40	62	2400	4100	0.53
$Ca_5Ga_2Sb_6$	4.52	24	40	60	2280	3790	0.50
$Ca_5In_2Sb_6$	4.90	22	38	55	3710	3710	0.46

注:ρ 为平均质量密度,g·cm^{-3};K 为体弹模量,GPa;G 为剪切模量,GPa;Y 为杨氏模量,GPa。ν_s、ν_1 分别为剪切声速和纵向声速,m·s^{-1};κ_{min} 为最小晶格热导率,W·m^{-1}K^{-1}。

3.4.3 电子输运

对于金属或简并半导体,基于抛物线能带和散射不依赖能量近似,塞贝克系数可由式(3-12)表述,电导率可由式(3-13)表述,从式(3-13)可以看出载流子迁移率与能带有效质量成反比。

$$S=\frac{8\pi^2k_0^2}{3eh^2}m_{DOS}^*T(\frac{\pi}{3n})^{2/3}, \tag{3-12}$$

$$\sigma=ne\eta=\frac{ne^2\tau}{m_i^*}, \tag{3-13}$$

$$\mu\propto1/m_b^{*5/2}。 \tag{3-14}$$

其中，k_B 是玻尔兹曼常数，h 是普朗克常数，m^* 是态密度有效质量，m_b^* 是平均能带有效质量，T 是绝对温度，n 是载流子浓度。从式（3-12）可以看出，S 与温度和态密度有效质量成正比，与载流子浓度成反比。从式（3-13）可以看出，σ 与载流子浓度成正比，与态密度有效质量成反比。因此，研究热电输运性质随温度和载流子浓度 n 的变化，找到最佳的温度和载流子浓度，找出 S 和 σ 之间的平衡。在实验载流子浓度下，通过半经典玻尔兹曼理论和刚性带模型近似，能够得到 n、S、σ/τ 及 $S^2\sigma/\tau$ 随温度的变化值。为估算 $Sr_5Sn_2As_6$ 的 ZT，本节采用 $Ca_5Al_2Sb_6$ 的弛豫时间来处理。从图 3-24（a）可知，$Sr_5Sn_2As_6$ 载流子浓度随温度的升高而升高，这是由于热激发随温度升高而增强，从而引起载流子浓度的增加。图 3-24(b)中 p 型 $Sr_5Sn_2As_6$ 的塞贝克系数在整个研究的温度范围内随着温度的升高而增大，在 500 K 时达到了最大值 248 $\mu V \cdot K^{-1}$，比 $Ca_5Ga_2As_6$ 最大的塞贝克系数（200 $\mu V \cdot K^{-1}$）要大。从 500 K 后，S 随温度的升高而降低，到 1200 K 时降到最低值（202 $\mu V \cdot K^{-1}$），该塞贝克系数非常有利于热电特性的提高，在高温度范围内塞贝克系数保持比较稳定的高值。通过 $ZT = rS^2/L (r=\kappa_e/\kappa_l，L$ 是洛仑兹常量）可以看出，在高温范围内 ZT 随温度变化的规律和塞贝克系数随温度变化的规律密切相关，所以可以判断材料在高温范围内应该能保持高的 ZT。为了验证这一结论，本节将 $Sr_5Sn_2As_6$ 和 $Ca_5M_2Sb_6(M=Al，Ga，In)$ 的塞贝克系数可以进行对比，结果如图 3-25 所示。由式（3-12）可以推断，在相同温度下，S 的改变与载流子浓度 n 的变化密切相关。从图 3-25 可知，和 $Ca_5M_2Sb_6$ 相比，$Sr_5Sn_2As_6$ 的 S 在宽的温度范围内确实变化不大。如图 3-24(c)所示，电导率 σ 随温度的升高而降低，表现出金属特性，意味着载流子的迁移率由于声子散射的增加而降低。通过借用 $Ca_5Al_2Sb_6$ 的弛豫时间 $\tau=8.68\times10^{-6}T^{-1}n^{-1/3}$ 估算得到 $Sr_5Sn_2As_6$ 的热电优值 ZT[32,37]。其中由于电子热导率通常远小于晶格热导率，再因计算条件所限，所以本书近似取热导率为最小晶格热导率。从图 3-24(d)可以看出，$Sr_5Sn_2As_6$ 的 ZT 随温度的升高先升高后降低。

为了提高材料热电转换效率，实验上常常采用掺杂的方式。例如，Zn 和 Na 掺杂能够提高 $Ca_5Al_2Sb_6$ 的热电性能[3,5]。本书不考虑具体掺杂元素，而是采用刚性带模型模拟掺杂，计算结果如图 3-26 所示。可以看出，700 K 时 p 型 $Sr_5Sn_2As_6$ 的塞贝克系数大于 $Ca_5M_2Sb_6(M=Al，Ga，In)$ 的，p 型掺杂的塞

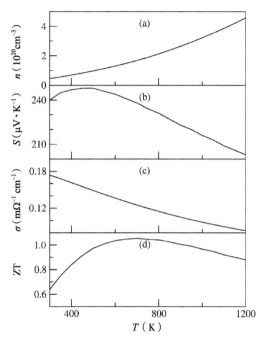

图 3-24　$Sr_5Sn_2As_6$ 的输运性质随温度的变化情况

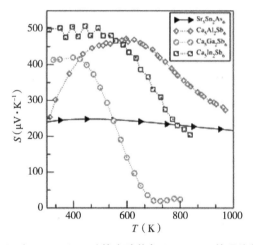

图 3-25　$Ca_5M_2Sb_6$($M=Al,Ga,In$)的实验值与 $Sr_5Sn_2As_6$ 的理论值随温度的变化

贝克系数要大于 n 型掺杂塞贝克系数的绝对值,这是因能带中费米能级附近价带顶大有效质量的影响,同时 p 型和 n 型掺杂的塞贝克系数在低的载流子浓度下出现双极化效应。众所周知,双极化效应通常起源于小的带隙,导致两种类型的载流子共同参加输运,不利于热电材料转换效率的提高,因此,有必要寻找降低这种效应的方法。图 3-26(b)中,电导率随载流子浓度的升高而升高,但随温度升高而增强的声子散射,使电导率随温度升高而降低。此外,n 型 $Sr_5Sn_2As_6$ 的电导率高于 p 型 $Sr_5Sn_2As_6$ 的是因为 n 型 $Sr_5Sn_2As_6$ 的导带有效质量相对较小。图 3-26(c)给出,在载流子浓度 n 低于 1×10^{21} cm^{-3} 时,p 型掺杂的 ZT 要高于 n 型的;高于 1×10^{21} cm^{-3} 时,p 型掺杂 $Sr_5Sn_2As_6$ 的 ZT 反而低于 n 型的。

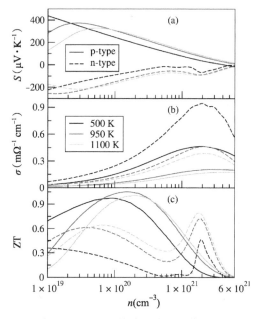

图 3-26　不同温度下 $Sr_5Sn_2As_6$ 的输运性质随载流子浓度的变化情况

图 3-27 给出 950 K 时,$Sr_5Sn_2As_6$ 的输运性质的各向异性随载流子浓度的变化情况(见书末彩插)。可以看出,p 型 $Sr_5Sn_2As_6$ 沿 x 方向上的塞贝克系数大于其他两个方向上的,沿 z 方向上的电导率要比其他两个方向上的大,这可能是由于能带有效质量沿 x 方向较大;n 型 $Sr_5Sn_2As_6$ 沿 z 方向上的塞贝克系数和电导率比其他方向上的都大。由于高的能带简并度导致大的塞贝克系数;小的能带有效质量有利于高的电导率,所以塞贝克系数和电导率随载流子浓度的变化规律可能和能带简并度和能带有效质量有关,电子结构的讨论能够印证这一点。从图 3-27(c)可知,p 型和 n 型掺杂沿 z 方向上的 ZT 都高于其余方向,n 型 $Sr_5Sn_2As_6$ 沿着 z 方向上的 ZT 要高于 p 型掺杂 3 个方向上的,950 K 时,出现最大 ZT(3.0),对应载流子浓度为 9.4×10^{19} cm^{-3};

对于 p 型掺杂,950 K 时,z 方向上最大 ZT 为 1.7,对应的载流子浓度为 $1.2 \times 10^{20} \text{ cm}^{-3}$。因此,可以预测 n 型 $Sr_5Sn_2As_6$ 沿 z 方向将会有好的热电性能。

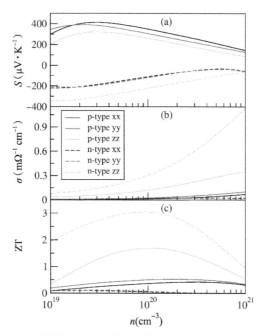

图 3-27　$Sr_5Sn_2As_6$ 的输运性质的各向异性随载流子浓度的变化情况(950 K)

3.4.4　电子结构

材料的电子结构对输运性质的解释起着十分关键的作用,如电荷分布、能带弥散、能谷简并度及带隙都对输运性质起着重要的影响。本书研究所得的电荷局域函数(ELF)、能带结构、能带分解电荷密度和态密度(DOS)分别如图 3-28、图 3-29、图 3-30 和图 3-31。众所周知,电负性相近的原子容易形成共价键,电负性差异比较大的原子容易形成离子键。$Sr_5Sn_2As_6$ 组成原子的电负性的值分别为 0.95(Sr)、1.96(Sn)和 2.18(As)。所以 Sn 和 As 趋于形成共价键,Sr 容易失去电子形成离子键。这个推断的正确性可以通过图 3-28 验证,ELF 值的范围是 0~1,ELF=1 代表完全局域化的电子;ELF=0 表示完全离域化的电子;ELF=0.5 代表电荷组成能够很容易输运电子的电子气[7]。图 3-28(b)为电荷在整个空间的分布(见书末彩插);Sn 和 As 中间出现有聚集的电荷,表明 Sn 和 As 之间成共价键;Sr 和 As 之间电荷离散,表现出离子键的特征。为展示 $Sr_5Sn_2As_6$ 一维无限链状结构的电荷分布特征,图 3-28 给出了沿(100)面的电荷分布特征。其中蓝色的部分 ELF＝0.92,表明高局域化的电荷分布;红色部分 ELF 接近于 0,表明该区域内的电子是完全离域化的。Sn 和 As 之间 ELF 值接近 0.78,表明它们之间成很强的共价键。众所周知,离子键的电荷局域在原子的周围。As 原子周围靠近 Sr 原子的区域的 ELF 值接近 0.89,Sr 原子周围靠近 As 原子区域的 ELF 值接近 0.90,As 和 Sr 原子之间的 ELF 接近 0,表明 As 和 Sr 之间为明显离子键。从沿着 z 方向上角共享组成的链状结构来看,As－Sn－As 共价键链构成电荷通道,能够很容易输运电荷。$Sr_5Sn_2As_6$ 是由角共享的四面体 $SnAs_4$ 组成的沿着 z 方向的一维无限链组成的,因此,z 方向具有比 x 和 y 方向更高的导电性。

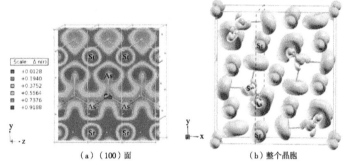

（a）（100）面   （b）整个晶胞

图 3-28 $Sr_5Sn_2As_6$ 的(100)面和整个原胞的电荷局域密度

（等能面的值为 0.78 eV）

因此只有费米能级附近的电子结构才跟电子输运性质关系密切,所以本书集中讨论费米能级附近的电子结构[39]。从图 3-29 的能带结构可以看出,$Sr_5Sn_2As_6$ 是间接带隙半导体,带隙大小为 0.55 eV。导带底 CBM 和价带顶 VBM 分别在 Γ 点和 Y 点。$\Gamma-Z$ 方向的弥散性要大于 $\Gamma-X$ 方向的,表明在相同载流子浓度下,n 型 $Sr_5Sn_2As_6$ 的电导率大于 p 型 $Sr_5Sn_2As_6$ 的。导带底各个方向上的能带有效质量分别为 $m_x＝0.34m_e$(沿 $\Gamma-X$ 方向),$m_y＝0.27m_e$(沿 $\Gamma-Y$ 方向),$m_z＝0.08m_e$(沿 $\Gamma-Z$ 方向)3 价带顶各个方向上的有效质量为 $m_x＝-1.64m_e$(沿 $\Gamma-X$ 方向),$m_y＝-0.78m_e$(沿 $\Gamma-Y$ 方向),$m_z＝-0.11m_e$(沿 $\Gamma-Z$ 方向)。由于轻带有利于产生大的电导率,重带有利于产生高的塞贝克系数,因此,图 3-27 展示的塞贝克系数和电导率的各向异性就容易理解了。态密度有效质量可以从式(3-15)得到:

$$m_{DOS}^* = (m_x m_y m_z)^{\frac{1}{3}} N^{\frac{2}{3}}。 \tag{3-15}$$

其中，m_x、m_y、m_z 是沿着 3 个方向上的能带有效质量，N 是能带简并度。电子的态密度有效质量($0.31m_e$)要小于空穴有效质量的绝对值($0.83m_e$)，进一步证明了 p 型掺杂的塞贝克系数高于 n 型，而电导率小于 n 型的。

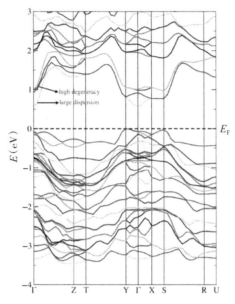

图 3-29　$Sr_5Sn_2As_6$ 能带结构

(价带顶设置为 0 eV)

图 3-30 给出了 $Sr_5Sn_2As_6$ 导带 Γ 点附近和价带 Y 点附近能带分解电荷密度。图 3-30(a)表明对输运性质起主要作用 CBM 附近的电荷主要集中在

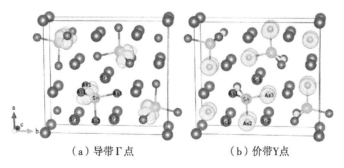

（a）导带 Γ 点　　　　　　　　（b）价带 Y 点

图 3-30　$Sr_5Sn_2As_6$ 导带 Γ 点和价带 Y 点附近能带分解电荷密度

(等能面的值为 0.0035 eV)

As1－Sn－As1 链上;图 3-30(b)表明对输运性质起重要作用 VBM 附近的电荷主要集中在 As2 和 As3 上。结果证明了 n 型掺杂的 $Sr_5Sn_2As_6$ 主要受 As1 和 Sn 影响,p 型掺杂的 $Sr_5Sn_2As_6$ 主要受 As2 和 As3 影响。这些结论能够为 $Sr_5Sn_2As_6$ 掺杂合适的原子提供理论指导。

通过计算态密度(DOS)进一步观察 $Sr_5Sn_2As_6$ 费米能级附近的电子状态。一般情况下,宽的 DOS 意味着电荷强的离域型;窄的 DOS 对应强的电荷局域性。图 3-31(a)是 $Sr_5Sn_2As_6$ 总的态密度。图 3-31(b)证实了价带顶主要是由 As2 和 As3 原子态组成,导带底主要是由 Sn 和 As1 原子态组成,与图 3-30 的结论一致。Sn 和 As1 杂化在一起的 DOS 表明共价结构有利于电子输运。图 3-31(c)为 Sr1、As1 和 Sn 原子的分态密度(DOS)。从 $-6.8 \sim -5.5$ eV 给出 Sn 的 s 轨道和 As 的 p 轨道成键的情况及 $-0.5 \sim 2$ eV 反键特征,与图 3-28 中 Sn 和 As 原子成共价键的分析结果一致。

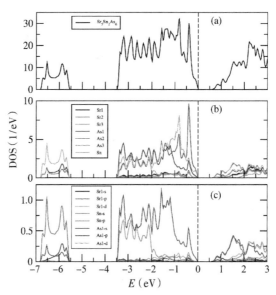

图 3-31　$Sr_5Sn_2As_6$ 态密度

(价带顶设置为 0 eV)

3.4.5　小结

本章采用第一性原理并结合半经典玻尔兹曼理论研究 $Sr_5Sn_2As_6$ 的电子结构和热电性质,发现 p 型掺杂的 $Sr_5Sn_2As_6$ 的输运性质比 n 型掺杂的好,这主要是重价带引起大的能带有效质量导致的。在 n 型掺杂的 $Sr_5Sn_2As_6$ 中,沿 Γ−Z 方向的轻带会在 z 方向产生高的电导率,同时,在 950 K 时,z 方向出现大的塞贝克系数,这很可能是由 z 方向存在大范围的能带简并引起的。在 950 K 时,n 型掺杂的 $Sr_5Sn_2As_6$,z 方向的最高 ZT 为 3.0,相应的载流子浓度为 $9.4×10^{19}$ cm^3,而在 950 K 时,p 型掺杂的 $Sr_5Sn_2As_6$,z 方向的最高 ZT 为 1.7,相应的截流子浓度为 $1.2×10^{20}$ cm^3,电子的空间分布和 DOS 计算可以为 $Sr_5Sn_2As_6$ 的掺杂提供指导。此外,通过对比 $Sr_5Sn_2As_6$ 和 $Ca_5M_2Sb_6$ $(M＝Al,Ga,In)$ 有关特性,可以推断 $Sr_5Sn_2As_6$ 应该是一个非常有前景的 Zintl 相热电材料。

参考文献

[1] SNYDER G J, TOBERER E, ZEVALKINK A. Zintl phases for thermoelectric applications patent: US 8801953 B2 [P]. 2014−08−12.

[2] ZEVALKINK A, ERIC S, WOLFGANG G, et al. Ca_3AlSb_3: an inexpensive, nontoxic thermoelectric material for waste heat recovery[J]. Energy & environmental science, 2011(4):510.

[3] TOBERER E S, ZEVALKINK A, CRISOSTO N, et al. The Zintl compound $Ca_5Al_2Sb_6$ for low-cost thermoelectric power generation[J]. Advanced functional materials, 2010(20):4375.

[4] ZEVALKINK A, SWALLOW J, SNYDER G. Thermoelectric properties of Zn-doped $Ca_5In_2Sb_6$[J]. Dalton transactions, 2013(42):9713.

[5] ZEVALKINK A, TOBERER E S, BLEITH T, et al. Improved carrier concentration control in Zn-doped $Ca_5Al_2Sb_6$[J]. Journal of applied physics, 2011(110):013721.

[6] ZEVALKINK A, SWALLOW J, SNYDER G J. Thermoelectric properties of Mn-doped $Ca_5Al_2Sb_6$[J]. Journal of electronic materials, 2012(41):813.

[7] SAMANTHA J, ZEVALKINK A, SNYDER G J. Improved thermoelectric properties in Zn-doped $Ca_5 Ga_2 Sb_6$ [J]. Journal of materials chemistry A, 2013(1):4244.

[8] ZEVALKINK A, TAKAGIWA Y, KITAHARA K, et al. Thermoelectric properties and electronic structure of the Zintl phase $Sr_5 Al_2 Sb_6$ [J]. Dalton transactions, 2014 (43):4720.

[9] BEKHTI-SIAD A, BETTINED K, RAIC D P. Electronic, optical and thermoelectric investigations of Zintl phase $AE_3 AlAs_3$ (AE = Sr, Ba): first-principles calculations [J]. Chinese journal of physics, 2018(56):870.

[10] BENAHMED A, BOUHEMADOU A, ALQARNI B, et al. Bin-Omran Structural, elastic, electronic, optical and thermoelectric properties of the Zintl-phase $Ae_3 AlAs_3$ (Ae=Sr, Ba)[J]. Philosophical magazine,2018(98):1217.

[11] VERDIER P, L'HARIDON P, MAUNAYE M, et al. Etude structurale de $Ca_5 Ga_2 As_6$ [J]. Acta crystallographica section B: structural crystallography and crystal chemistry, 1976(32): 726—728.

[12] EISENMANN B, JORDAN H, SCHÄFER H. $Ca_5 Sn_2 As_6$, das erste ino-arsenidostannat(IV)[J]. Zeitschrift für anorganische und allgemeine Chemie, 1985 (530): 74—78.

[13] ALEX Z, YOSHIKI T, KOICHI K, et al. Thermoelectric properties and electronic structure of the Zintl phase $Sr_5 Al_2 Sb_6$ [J]. Dalton transactions, 2014(43): 4720—4725.

[14] LUO D B, WANG Y X, YAN Y L, et al. The high thermopower of the Zintl compound $Sr_5 Sn_2 As_6$ over a wide temperature range: first-principles calculations [J]. Journal of materials chemistry A, 2014(2): 15159—15167.

[15] YAN Y L, WANG Y X, ZHANG G B. Electronic structure and thermoelectric performance of Zintl compound $Ca_5 Ga_2 As_6$ [J]. Journal of materials chemistry, 2012 (22): 20284—20290.

[16] SINGH D J, PARKER D. Electronic and transport properties of zintl phase $AeMg_2 Pn_2$, Ae=Ca, Sr, Ba, Pn=As, Sb, Bi in relation to $Mg_3 Sb_2$ [J]. Journal of applied physics, 2013(114): 143703.

[17] GUO D, HU C, XI Y, et al. Strain effects to optimize thermoelectric properties of doped $bi_2 o_2$ se via tran-blaha modified becke-johnson density functional theory [J]. The journal of physical chemistry C, 2013(117): 21597—21602.

[18] SOOTSMAN J R, CHUNG D Y, KANATZIDIS M G. New and old concepts in thermoelectric materials [J]. Angewandte chemie international edition, 2009 (48): 8616—8639.

[19] PERDEW J P, BURKE K, ERNZERHOF M. Generalized gradient approximation made 2 simple[J] Physical review B, 1996(77):3865.

[20] KRESSE G, JOUBERT D. From ultrasoft pseudopotentials to the projector augmented-wave Method[J]. Physical review B, 1999,59(3):1758.

[21] BLOCHL P E. Projector augmented-wave method[J]. Physical review B, 1994(50): 17953.

[22] KOLLER D, TRAN F, BLAHA P. Merits and limits of the modified Becke-Johnson exchange Potential[J]. Physical review B, 2011(83):195134.

[23] FABIEN T, BLAHA P. Accurate band gaps of semiconductors and insulators with a semilocal exchange-correlation potential[J]. Phys. Rev. Lett., 2009(102): 226401.

[24] CAHILL D G, POHL R O. Lattice vibrations and heat transport in crystals and glasses[J]. Annu. Rev. Phys. Chem., 1988,39(1): 93−121.

[25] CAHILL D G, WATSON S K, POHL R O. Lower limit to the thermal conductivity of disordered crystals[J]. PHYS. REV. B, 1992,46(10): 6131−6140.

[26] ANDERSON O L. A Simplified method for calculating the debye temperature from elastic constants[J]. J. Phys. Chem. Solids, 1963,24(7): 909−917.

[27] HILL R. The elastic behaviour of a crystalline aggregate[J]. Proc. Phys. Soc. A, 1952, 65(5):349−354.

[28] CORDIER G, SAVELSBERG G, SCHAFER H. Zintl Phases with complex anions: on Ca_3AlAs_3 and Ba_3AlSb_3[J]. Zeitschrift fur naturforschung B, 1982(37): 975−980.

[29] KAUZLARICH S M. Chemistry, structure, and bonding of Zintl phases and ions [M]. New York: VCH, 1996.

[30] KAUZLARICH S M, BROWN S R, SNYDER G J. Zintl phases for thermoelectric devices[J]. Dalton transactions, 2007(251): 2099−2107.

[31] TOBERER E S, MAY A F, SNYDER G J. Zintl chemistry for designing high efficiency thermoelectric materials [J]. Chemistry of materials, 2010(22): 624−634.

[32] CUTLER M, LEAVY J F, FITZPATRICK R L. Electronic transport in semimetallic cerium sulfide[J]. Physical review A, 1964(133): 1143−1152.

[33] GOLDSMID H J, INST P. Thermoelectric refrigeration[J]. Electrical engineering, 1960(79): 380−384.

[34] MAHAN G D. Good thermoelectrics[J]. Solid state physics, 1997(2):23−26.

[35] SLACK G. New materials and performance limits for thermoelectric cooling[M]. Boca Raton: CRC Press, 1995: 407.

[36] TOBERER S E, ZEVALKINK A, CRISOST N, et al. The Zintl compound $Ca_5Al_2Sb_6$ for low-cost thermoelectric power generation[J]. Advanced functional ma-

terials，2010(20)：4375—4380.

[37] ONG K P，SINGH D J，WU P. Analysis of the thermoelectric properties of n-type ZnO[J]. Physical review B，2011(83)：115110.

[38] SAVIN A，NESPER R，WENGERT S,et al. ELF：the electron localization function [J]. Angewandte chemie international edition in English，1997 (36)：1808—1832.

[39] LOUIE S G，COHEN M L. Electronic structure of a metal-semiconductor interface[J]. Physical review B，1976 (13)：2461—2469.

第 4 章　提高 Zintl 相化合物 $A_5M_2Pn_6$ 的热电特性

4.1　$A_5M_2Pn_6$ 组成元素电负性的不同对热电特性的影响

Zintl 相化合物 $A_5M_2Pn_6$（A＝Ca,Sr,Ba；M＝Al,Ga,In；Pn＝As,Sb）是一类非常有应用前景的热电材料。它们都是由电负性较强的阳离子 A 贡献出全部的价电子给阴离子基团 MSb_3，为了达到价键平衡,这些阴离子基团通过共价键形成四面体结构,相邻两个四面体通过角共享 Pn 原子形成一维链状结构,相邻的两个链又通过 Pn－Pn 共价键连接起来形成所谓的梯子形结构。有研究表明本征 $Ca_5Ga_2Sb_6$ 是半导体,带隙比 $Ca_5Al_2Sb_6$ 和 $Ca_5In_2Sb_6$ 的都小。Snyder 等的研究表明,化合物 $Ca_5M_2Sb_6$（M＝Al,Ga,In）带隙的不同是由它们的组成元素电负性的不同引起了,如果组成元素 M 的电负性较大,那么这些化合物的带隙就会增加[1]。因为较好的热电材料往往是半导体材料,半导体的带隙也是影响材料热电特性的一个关键因素,带隙太大会使电导率较小;带隙太小又会引起双极化效应,不利于塞贝克系数的提高,所以探究影响带隙的因素,以便将带隙的大小调至所需是这项工作的研究目标。

4.1.1　晶格结构

本节研究 $A_5M_2Pn_6$ 的 Zintl 相化合物,包括 $Ca_5Ga_2As_6$、$Ca_5Ga_2Sb_6$、$Ca_5Al_2Sb_6$、$Ca_5In_2Sb_6$、$Sr_5In_2Sb_6$ 和 $Ba_5In_2Sb_6$ 的组成元素电负性的不同对电子结构和热电特性的影响。其中 $Ca_5Ga_2As_6$、$Ca_5Ga_2Sb_6$、$Ca_5Al_2Sb_6$、$Ca_5In_2Sb_6$ 和 $Ba_5In_2Sb_6$ 这 5 种化合物有相同的晶格结构,如图 4-1 所示。

$Sr_5 In_2 Sb_6$ 的对称性与上述 5 种不同,晶格结构如图 1-8(c)所示。它们的阳离子是电负性较强的 Ca、Sr 和 Ba,阴离子基团分别由 $GaAs_3$、$GaSb_3$、$AlSb_3$ 和 $InSb_3$ 形成四面体结构,相邻的两个四面体通过角共享 Sb 形成一维链状结构,除 $Sr_5 In_2 Sb_6$ 外,相邻的两个链通过角共享 Sb—Sb 或 As—As 形成梯子形结构。

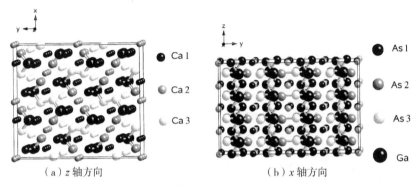

（a）z 轴方向　　　　　　　　　（b）x 轴方向

图 4-1　从 z 轴和 x 轴方向观察 $Ca_5 Al_2 Sb_6$ 的晶格结构

4.1.2　电子结构

众所周知,好的热电材料必须要有合适的带隙,本节主要讨论影响 $A_5 M_2 Pn_6$（A＝Ca,Sr,Ba;M＝Al,Ga,In;Pn＝As,Sb）带隙大小的影响因素。采用基于密度泛函理论的第一性原理计算方法[2-5],并结合半经典玻尔兹曼理论[2],研究了电负性的不同对能隙的影响,并讨论了由此而带来的电子输运性质的不同。虽然 DFT 计算方法常常低估半导体或绝缘体的带隙,但讨论这几种材料的带隙变化规律还是非常有意义的。图 4-2 给出了 6 种 Zintl 相化合物 $Ca_5 Ga_2 As_6$、$Ca_5 Ga_2 Sb_6$、$Ca_5 Al_2 Sb_6$、$Ca_5 In_2 Sb_6$、$Sr_5 In_2 Sb_6$ 和 $Ba_5 In_2 Sb_6$ 采用基于密度泛函理论的 PBE-GGA 交换关联势得到的能带结构。首先得到这 6 种材料带隙的大小顺序是 $Ca_5 Ga_2 As_6$（0.37 eV）＞$Ca_5 Al_2 Sb_6$（0.35 eV）＞$Ca_5 In_2 Sb_6$（0.32 eV）＞$Sr_5 In_2 Sb_6$（0.29 eV）＞$Ba_5 In_2 Sb_6$（0.27eV）＞$Ca_5 Ga_2 Sb_6$（0.088 eV）;其次由于组成元素电负性的差别,导致这 6 种材料沿不同方向的能带简并度不同,如只有 $Ca_5 Al_2 Sb_6$ 的导带底在 Y 点,其他 5 种材料的导带底都在 Y－Γ 之间,且这 6 种材料的第一和第二导带底的能量非常接近,导带底沿着 x、y 和 z 3 个方向的能带简并度一致。它们的价带顶也都出现在 Y 点,但沿着 x、y 和 z 3 个方向的能带简并度明显不同,结合布里渊区的对称性,可以得出这 6 种材料的导带底和价带顶的能带简并度分别是 2.5 和 2.0,所以只从能带简并度分析 n 型材料的塞贝克系数应该大于 p 型的。

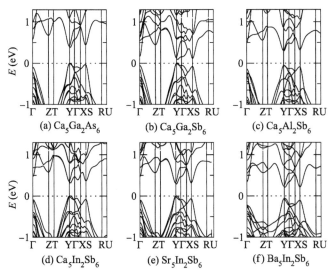

图 4-2　Zintl 相 A₅M₂Pn₆ 化合物的能带结构

(价带顶设置为 0 eV)

上述 6 种材料带隙大小顺序也可通过图 4-3 进行验证。图 4-3 除展示各材料带隙的不同外(见书末彩插),还给出不同能量区域各原子对态密度的贡献,如

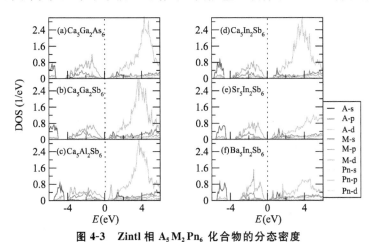

图 4-3　Zintl 相 A₅M₂Pn₆ 化合物的分态密度

(价带顶设置为 0 eV)

图 4-3(a)[6]、图 4-3(b)、图 4-3(c)[7]、图 4-3(d)、图 4-3(e)和图 4-3(f)的导带在 0~4 eV 的能量范围原子对态密度的贡献明显不同。但在相同的能量范围内，对态密度有贡献的原子类别是相同的。仔细分析发现，这些化合物的价带形状非常接近，但费米能级附近的导带差别比较大。导带处的能带主要由 Pn-p 轨道和 M-s 轨道贡献的，态密度差别较大的原因是 Pn 和 M 电负性的相差较大。

表 4-1 给出了 Zintl 相 $A_5M_2Pn_6$ 化合物组成元素的泡利电负性组成元素的电负性。众所周知，材料的能隙随组成元素电负性差的增大而增大，因为电负性的大小反映原子核对外层电子扰动的大小。有分态密度图的分析知道，A 原子贡献出全部的电子给阴离子基团，而价带顶和导带低的态密度主要是 Pn 元素的贡献，所以影响材料带隙的应该主要是 A 和 Pn 位置的元素贡献。分析表 4-1 可知，As 元素的电负性 2.18 大于 Sb 元素的电负性 2.05，A(A＝Ca，Sr 和 Ba)元素的电负性随着原子序数的增加而减小，所以这些材料的带隙刚好满足 $Ca_5M_2As_6$(M＝Ga，Al，In)＞$Sr_5M_2Sb_6$＞$Ba_5M_2Sb_6$。

表 4-1　Zintl 相 $A_5M_2Pn_6$ 化合物组成元素的电负性

参数	A			M			Pn	
元素种类	Ca	Sr	Ba	Al	Ga	In	As	Sb
电负性 χ	1.00	0.95	0.89	1.61	1.81	1.78	2.18	2.05

下面分析影响带隙大小的另一个因素。仔细分析发现导带底和价带顶主要是由 Pn 和 M 的轨道杂化的贡献，所以 Pn 和 M 电负性的差别是调控材料带隙的第 2 个因素。从表 4-1 可知，Sb 和 Al、Sb 和 In、Sb 和 Ga 的电负性之差分别是 0.44、0.27 和 0.24，这和文献[1]的结果一致。因此，可以说这 6 种材料的带隙大小以 A 和 Pn 调控为主，Pn 和 M 调控为辅。这两种元素综合作用的结果，使这 6 种材料的能隙大小不同，其顺序是 $Ca_5Ga_2As_6$(0.37 eV)＞$Ca_5Al_2Sb_6$(0.35 eV)＞$Ca_5In_2Sb_6$(0.32 eV)＞$Sr_5In_2Sb_6$(0.29 eV)＞$Ba_5In_2Sb_6$(0.27 eV)＞$Ca_5Ga_2Sb_6$(0.088 eV)。

4.1.3　电输运性质

采用基于密度泛函的第一次性原理方法并结合半经典玻尔兹曼理论研究了各向异性的电导率、塞贝克系数及功率因子随温度和载流子浓度的变化，结果表明 Zintl 相 $A_5Mn_2Pn_6$ 材料沿 z 方向的输运性质最好,因此下面重点研究沿 z 方向的输运性质随着温度的变化情况。

因为刚性带模型在较低的载流子浓度下,结果才较准确,所以该载流子浓度只研究了从 $-1\sim1$ e/uc 的载流子输运性质,其中单位 e/uc 表示每个原胞中的载流子个数。对比不同温度下的电导率可以看出,电导率随温度的增加而增加,表现出半导体特性[图 4-4(a)]。在相同温度时,除了 $Ca_5Ga_2Sb_6$ 外,p 型材料的电导率从大到小的顺序和能带隙的大小顺序一致,而且 $Ca_5Ga_2Sb_6$ 的电导率和 $Ca_5Ga_2As_6$ 的非常接近。但相同温度时,除 $Ca_5Ga_2As_6$ 外,n 型材料的电导率的大小顺序和带隙的大小顺序刚好相反。可以看出,在相同温度时,电导率的大小和材料的能隙大小密切相关,所以可以通过调节能隙的大小来改变材料的电导率。图 4-4(b)给出了不同温度下塞贝克系数 S 随载流子浓度的变化,可以看出,当温度大于或等于 800 K 时,塞贝克系数 S 随能隙的增加而增加。图 4-4(c)给出了不同温度下功率因子随载流子浓度的变化,可以看出,在中温区,能隙越小最优功率因子越大;在高温区,能隙越大最大功率因子越大(见书末彩插)。

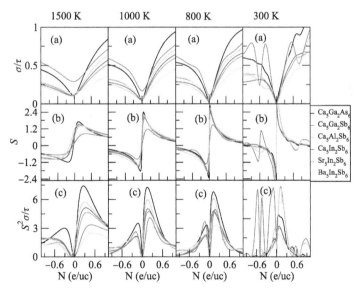

(a)σ/τ 随载流子浓度的变化;(b)塞贝克系数 S 随载流子浓度的变化;(c)功率因子 $S^2\sigma/\tau$ 随载流子浓度的变化。

图 4-4　$A_5M_2Pn_6$ 沿 z 方向的输运性质随载流子和温度的变化

4.1.4　小结

通过采用基于密度泛函的第一性原理并结合半经典玻尔兹曼理论计算了 $A_5M_2Pn_6$（$A=Ca,Sr,Ba;M=Al,Ga,In;Pn=As，Sb$）的电子结构和输运性质随温度和载流子浓度的变化情况。电子结构的分析表明，材料组成元素电负性对带隙的影响至关重要，材料组成元素电负性越强，说明原子核对外层载流子的作用力越大，带隙就越大，并且 $A_5M_2Pn_6$ 的带隙大小以 A 和 Pn 调控为主，M 和 Pn 调控为辅。热电性质的研究表明，p 型 $A_5M_2Pn_6$ 的最大功率因子总是大于 n 型的，在温度等于或大于 800 K 时，这 6 种材料的最大功率因子 $S^2\sigma/\tau$ 随能隙的增加而增加。

4.2　溶质原子的溶度上限对掺杂载流子浓度的影响

Zintl 相化合物是高性能热电材料的理想候选，因为它符合"电子晶体-声子玻璃"的概念，其中 $A_5M_2Pn_6$ 和 A_3MPn_3（其中 $A=Ca$, Sr, Ba, Eu, Yb；$M=Al,Ga$, In, Sn；$Pn=As$, Sb, P）中的阴离子基团 MPn_4 形成四面体结构，这些四面体随元素种类和元素化学计量比的不同有多种的空间排列方式（图 1-8），已经有大量的理论和实验验证[1,8-18]。其中以 $Ca_5Al_2Sb_6$ 为代表的 Zintl 相化合物中的四面体通过角共享形成一维链状结构，相邻两个一维链通过 Sb—Sb 共价键形成梯子形结构，如图 4-5 所示（见书末彩插）。Ca 和 Sb 原子有多个不等价位，使得四面体的键长各不相同，相应的键能、键角也不同，这样复杂的晶格结构有利于降低晶格热导率，并为通过能带工程、声子调控等手段提升材料的热电性能提供了得天独厚的条件，是非常有应用前景的热电材料。而掺杂是调控电子和热输运性质的重要手段[10,12,14,19-22]。

有研究表明，Na 掺入 $Ca_5Al_2Sb_6$ 可使材料中的载流子浓度接近最优载流子浓度，在 1000 K 时，最大 ZT 值大于 0.6[19]。由实验可知，Na 掺杂在提高 $Ca_5Al_2Sb_6$ 的载流子浓度和 ZT 方面的效果不好，Zn 掺杂在提高载流子浓度方面效果比 Na 明显，但 Zn 掺入材料的最大 ZT 值却小于 Na 掺杂[20]。而

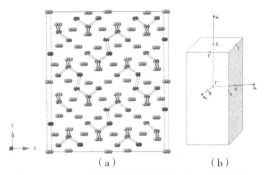

（a）　　　　　　　　　　（b）

图 4-5　Ca₅Al₂Sb₆ 的晶格结构和第一布里渊区

其中，绿球代表 Ca，红球代表 Al，黄球、篮球和粉球代表 3 个不等价的 Sb 位。

Mn 掺杂材料的载流子浓度和 ZT 改变很不明显[15]。J. Mater. Chem 在此前已经完成（2011）通过理论模拟掺杂优化单晶 Ca₅Al₂Sb₆ 热电特性，本书考虑实验样品大多是多晶，因此在此基础上，提出理论模拟多晶 Ca₅Al₂Sb₆ 的输运性质和实验结果对比，发现理论模拟多晶 Ca₅Al₂Sb₆ 的最优 ZT 值远大于实验值。本书将理论计算和实验值塞贝克系数 S 对比，发现理论和实验结果存在差别的原因是由于理论计算采用的是刚性带模型模拟掺杂，而实验上由于溶质原子的溶度上限导致很多掺杂原子无法掺入。

4.2.1　电子结构

该工作采用 PBE-GGA-mBJ 方法得到近直接带隙半导体的带隙 0.52 eV，如图 4-6 所示，这和实验得到的 0.50 eV 非常接近，说明本书选用 PBE-GCA-mBJ 计算方法是适用于该体系的。由于热电特性较好的材料一般是重掺杂半导体，对于金属或者简并半导体来说，塞贝克系数可以用式（4-1）来计算：

$$S = \frac{8\pi^2 k_B^2}{3eh^2} m^* T (\frac{\pi}{3n})^{2/3} 。 \tag{4-1}$$

从式（4-1）可以知塞贝克系数与温度 T、态密度有效质量 m^* 成正比，与载流子浓度 n 成反比，$m_{DOS} = N_v^{\frac{2}{3}} (m_x m_y m_z)^{\frac{1}{3}}$，其中 m_x、m_y 和 m_z 是能带有效质量。Ca₅Al₂Sb₆ 沿 x、y、z 方向电子和空穴能带的有效质量如表 4-2 所示。可以看出，空穴能带的态密度有效质量大于电子的，所以在相同温度和载流子浓度下，空穴能带塞贝克系数应大于电子的。而材料的电导率 $\sigma = ne\mu$，

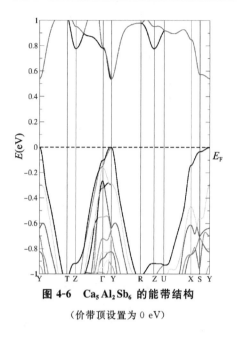

图 4-6　$Ca_5Al_2Sb_6$ 的能带结构

（价带顶设置为 0 eV）

其中，μ 是载流子迁移率。μ 随惯性有效质量 m_I 的增大而减小，惯性有效质量和能带有效质量的关系是 $\dfrac{1}{m_I} = \dfrac{1}{m_x} + \dfrac{1}{m_y} + \dfrac{1}{m_z}$。结合表 4-2 可以得出空穴的惯性有效质量小于电子的惯性有效质量，所以在相同温度和载流子浓度下，空穴的电导率应该大于电子的电导率。下面电子输运性质的讨论和这个结果是一致的。

表 4-2　$Ca_5Al_2Sb_6$ 沿 x、y、z 方向电子和空穴能带的有效质量

参数	m_x	m_y	m_z	m_{DOS}	m_I
电子	3.23	0.59	1.62	4.81	2.26
空穴	6.61	2.15	0.54	6.51	1.16

其中，m_{DOS} 和 m_I 分别为态密度有效质量及惯性有效质量。

4.2.2　$Ca_5Al_2Sb_6$ 的输运性质

由于实验合成的样品大多都是多晶的[19-21]，晶界散射肯定会影响材料的输运性质。然而，有实验表明，随着温度的升高，晶界散射对输运性质的影响不明显。例如，Atakulov 等试验研究发现，当温度是 400 K 时，在相同载流子

浓度下,边界散射对电子迁移率的影响可忽略不计[23]。而且 Snyder 小组研究了 Na、Mn、Zn 和 Ga 等元素掺杂 $Ca_5Al_2Sb_6$ 的输运性质,也发现了在 300 K 以上,晶界散射不明显。因此,图 4-7 给出的是不同温度下输运性质沿 x、y、z 方向的平均值。同时,考虑到溶质原子在 $Ca_5Al_2Sb_6$ 中溶度的限制,在本书中只考虑了载流子的浓度—0.40～0.01 e/uc 和材料输运性质 0.01～0.40 h/uc,这个载流子浓度范围比—6.5～6.5 e/uc 更合理[13]。图 4-7(a) 和图 4-6(b) 给出 300～800 K 时,n 型和 p 型 $Ca_5Al_2Sb_6$ 的塞贝克系数随载流子浓度的变化(见书末彩插),从图可知,不论 n 型或 p 型塞贝克系数都随温度的增加和载流子浓度的减小而增大。在相同的温度和载流子浓度下,空穴的塞贝克系数大于电子的,这和前面所述的空穴的态密度有效质量大于电子的态密度有效质量是一致的。然而,1000～1200 K 时,塞贝克系数的绝对值随着载流子浓度的增加先增大,后减小,这可能是由于高温时双极化效应的影响。

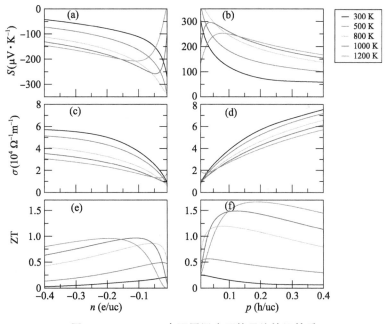

图 4-7　$Ca_5Al_2Sb_6$ 在不同温度下的平均输运性质

除了刚性带模型模拟掺杂外,本书也引入实际掺杂元素 Ge 取代 Sb 的部分位置,并计算掺杂后体系的输运性质,计算结果如图 4-8 所示(见书末彩插),比较图 4-7 和图 4-8 很容易得出,实际载流子的引入并没有改变电子输运性质随载流子浓度的变化规律,但掺杂后的输运性质稍小于图 4-7 给出的刚性带模拟的输运性质。但由于计算条件限制,没有对其他实际掺杂情况进行研究。

在用 BoltzTrap 计算材料的输运性质时,弛豫时间用常数弛豫时间,为了得到电导率,本书将理论计算的 σ/τ 与相同温度和载流子浓度的实验电导率 σ 对比,得到此时的弛豫时间 τ,将 τ 带入 $\tau = CT^{-1}n^{-\frac{1}{3}}$,得出常数 $C = 8.68 \times 10^{-6}$,弛豫时间的表达式为 $\tau = 8.68 \times 10^{-6} T^{-1} n^{-\frac{1}{3}}$,将这个弛豫时间带入理论计算的 σ/τ,得到电导率 σ 随载流子浓度和温度的变化,如图 4-7(c) 和图 4-7(d) 所示。可以看出,电导率随温度的增加而减小,这是由于温度的增加加强了载流子散射,减小了电导率的缘故。电导率随载流子浓度的增加而增大,因为电导率和载流子浓度成正比。但在相同的温度和载流子浓度下,空穴的电导率大于电子的电导率,这和前面讨论的空穴惯性有效质量小于电子有效质量相一致。

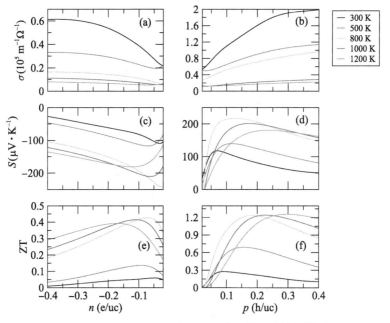

图 4-8 $Ca_{40}Al_{16}Sb_{47}Ge$ 在不同温度下的平均输运性质

研究表明,$Ca_5Al_2Sb_6$ 的晶格热导率非常低(800 K,0.6 W·$m^{-1}K^{-1}$),总的热导率受掺杂原子的影响不大(图 4-9,见书末彩插)[19-21]。所以本书采用 Toberer 等实验得到的 $Ca_{4.75}Na_{0.25}Al_2Sb_6$ 的实验晶格热导率[19],因为它接近实验值的平均值。根据这一实验晶格热导率,结合电导率和塞贝克系数,计算得到电子和空穴掺杂下材料的 ZT 如图 4-7(e)和图 4-7(f)所示。可以看出,对电子掺杂,材料的最大 ZT 值在最优载流子浓度下从 300K 的 0.21 e/uc 升至 1200 K 时的 0.95 e/uc,而对空穴掺杂,材料的最大 ZT 值在最优载流子浓度下从 300 K 的 0.24 h/uc 升至 1200 K 时的 1.65 h/uc。而实验研究表明,对于空穴掺杂,在 1000 K 时,材料的最大 ZT 值没有超过 1 h/uc 的。为什么理论计算的最大 ZT 值比实验最大 ZT 值大这么多呢? 下面的研究也许能解开这一疑问。

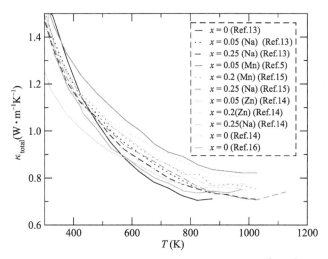

图 4-9　实验给出的 Ca₅Al₂Sb₆ 的总晶格热导率[5,13-16]

4.2.3　选择合适的掺杂原子

为了寻找理论计算和实验之间的差别,考虑到理论计算的塞贝克系数不涉及弛豫时间,本节将理论计算的几个选定掺杂浓度下的塞贝克系数和实验过程几个掺杂浓度下的塞贝克系数进行对比(图 4-10)[19-21]。可以看出,实验上的本征载流子的塞贝克系数对应理论载流子浓度为 0.030～0.055 h/uc 的塞贝克系数,表明实验上不可避免地非人为掺杂的载流子浓度是不可忽略的。对比发现 Ca₄.₉₅Na₀.₀₅Al₂Sb₆ 的实验塞贝克系数和理论计算掺杂载流子浓度为 0.05～0.06 h/uc 时的塞贝克系数非常接近,而实验上 Ca₄.₉₅Na₀.₀₅Al₂Sb₆ 对应的载流子浓度应该是 0.02 h/uc,只有具有相同塞贝克系数的理论载流子浓度的一半,由于塞贝克系数随浓度增大而减小,所以实验中由于缺陷或杂质等非人为掺入的载流子浓度对塞贝克系数的影响不能忽略。而 $Ca_5Al_{1.95}Mn_{0.05}Sb_6$ 和 $Ca_5Al_{1.95}Zn_{0.05}Sb_6$ 的塞贝克系数和理论计算的载流子浓度为 $0.065\sim0.070$ h/uc 的载流子浓度较接近,考虑到实验上的本征载流子浓度为 $0.030\sim0.055$ h/uc,说明实验过程中掺杂原子没有融入溶剂,这一研究表明在高的掺杂浓度下,Na、Mn 和 Zn 的溶度上限阻碍材料达到最优载流子浓度。杂质和缺陷的存在和溶质原子在 $Ca_5Al_2Sb_6$ 中小的溶度上限导致实验很难达到最优载流子浓度。从图 4-7 的理论计算的结果讨论可知 300 K 和 1200 K 时 $Ca_5Al_2Sb_6$ 的最优载流子浓度分别是 0.01 h/uc 和 0.17 h/uc。

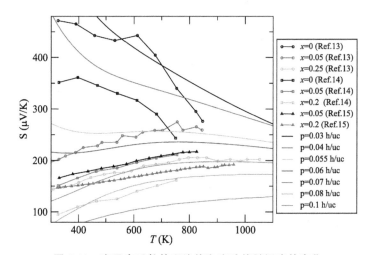

图 4-10　塞贝克系数的理论值和实验值随温度的变化

其中,p 代表空穴掺杂。图中的实验数据来源于 Toberer 等[19],Zevalkink 等[20]和 Snyder 等[21]。

对比理论计算和实验得到的塞贝克系数发现,掺杂原子的溶度上限是限制实验 ZT 和实验最大 ZT 值较小的一个主要原因。怎样选择溶度较大的溶质原子成为问题的关键。本书计算了 $Ca_{5-x}M_xAl_2Sb_6$(M=Na, Mg 和 Ga)、$Ca_5Al_{2-x}M_xSb_6$(M=Ga, Mn 和 Zn)及 $Ca_5Al_2Sb_{6-x}M_x$(M=Ge, Ga 和 Zn)的形成能 ΔE。以 $Ca_{5-x}Na_xAl_2Sb_6$ 为例给出形成能的计算公式: $\Delta E = E_{[Ca_{(5-x)}Na_xAl_2Sb_6]} + xE_{Ca} - E_{Ca_5Al_2Sb_6} - xE_{Na}$。这里的 $E_{[Ca_{(5-x)}Na_xAl_2Sb_6]}$ 和 $E_{Ca_5Al_2Sb_6}$ 分别表示 $Ca_5Al_2Sb_6$ 掺杂和没有掺杂时的总能量;E_{Ca} 和 E_{Na} 分别代表每个 Ca 和 Na 原子的总能量;x 代表掺杂浓度。计算采用了 $2×1×2$ 的超胞,超胞中有 104 个原子。$Ca_5Al_2Sb_6$ 在不同掺杂情况下的形成能如表 4-3 所示。可以看出,$Ca_5Al_{2-x}Ga_xSb_6$ 和 $Ca_5Al_2Sb_{6-x}Ge_x$(x=0.125、0.250 和

0.375)的形成能是负值,表明 Al 和 Sb 位置在这 3 个掺杂浓度下是热力学稳定的,而 $Ca_{5-x}Na_xAl_2Sb_6$、$Ca_{5-x}Mg_xAl_2Sb_6$、$Ca_{5-x}Ga_xAl_2Sb_6$、$Ca_5Al_{2-x}Mn_xSb_6$ 和 $Ca_5Al_{2-x}Zn_xSb_6$($x=0.125,0.25$ 和 0.375)的形成能是正值,表明在这 3 个掺杂浓度下材料热力学不稳定。有趣的是,从 $Ca_5Al_2Sb_{6-x}Ga_x$、$Ca_5Al_2Sb_{1-x}Ga_x$ 到 $Ca_5Al_2Sb_{6-x}Zn_x$ 的形成能从负值变为正值,表明材料的热力学稳定性逐渐减弱。从表 4-3 也可以看出,Sb、Al 和 Ca 位的被取代难度逐渐增加。为什么 Sb 位最容易被取代,怎样选择合适的掺杂原子呢?因为在 $Ca_5Al_2Sb_6$ 中,Ca 原子贡献出全部的电子给阴离子基团 Al_2Sb_6,阴离子基团得到电子形成了 Sb—Sb 和 Al—Sb 共价键,而 Ca^{2+} 和阴离子基团 $[Al_2Sb_6]^{10-}$ 之间存在强烈的库仑作用,所以 Ca 位是最难被取代的,而 Sb—Sb 共价键中的 Sb 位原子最容易被取代,这与形成能的结论一致。进一步分析发现,当掺杂原子和被掺杂原子的电子组态越接近,形成能越小,取代越容易发生。例如,Sb 的电子组态是 $5s^25p^3$,根据电子组态的相似性,本书找到了两类掺杂原子:一类是 4p 态被部分占据的,如 Ge $4s^24p^2$ 和 Ga $4s^24p^1$;另一类是 4p 轨道没被占据的,如 Zn $4s^24p^0$,因此,当取代和被取代原子的电子组态越接近,越容易发生取代。

表 4-3 $Ca_5Al_2Sb_6$ 在不同掺杂情况下的形成能

单位:eV

x	$Ca_{5-x}M_xAl_2Sb_6$			$Ca_5Al_{2-x}M_xSb_6$			$Ca_5Al_2Sb_{6-x}M_x$		
	Na	Mg	Ga	Ga	Mn	Zn	Ge	Ga	Zn
0.125	2.943	2.952	3.606	−1.677	0.289	0.255	−1.321	−0.917	−0.710
0.25	3.911	2.524	4.542	−1.569	2.414	0.708	−0.674	0.1633	0.994
0.375	5.571	2.334	5.478	−1.459	4.456	1.208	−0.062	1.290	2.196

4.2.4 小结

本书采用第一性原理并结合半经典玻尔兹曼理论研究了掺杂对 $Ca_5Al_2Sb_6$ 热电特性的影响,发现在 1000 K 时最大 ZT 值可达到 1.45,而实验上的最大 ZT 值均不超过 1.0,通过将实验塞贝克系数和理论计算结果对比发现,两者存在很大差别的一个主要原因是实验掺杂原子由于溶度的限制,没有达到最优掺杂浓度。为此,本书计算了几十种原子掺杂 $Ca_5Al_2Sb_6$ 的形成能,发现如果掺杂原子和被掺杂原子的电子组态越接近,取代越容易发生,这为通过掺杂提高材料的热电特性提供了理论指导。

4.3 Pb 掺杂调控能带结构改善 $Ca_5In_2Sb_6$ 的热电性能

掺杂调控载流子浓度是提高材料热电特性的重要手段,有研究表明 Zn 掺杂 $Ca_5In_2Sb_6$ 对热电性能的提升比 Zn 掺杂 $Ca_5Al_2Sb_6$ 的大[12]。在元素周期表中,Zn 比 In 的周期数小 1,且最外层比 In 少 1 个价电子,所以 Zn 掺杂 $Ca_5In_2Sb_6$ 是空穴掺杂。由此,我们想到在元素周期表中周期数比 In 多 1 且最外层比 In 多 1 个价电子的 Pb 掺杂 $Ca_5In_2Sb_6$ 的效果怎么样呢?该工作选择 Pb 取代 $Ca_5In_2Sb_6$ 中的 In 位原子来改善 $Ca_5In_2Sb_6$ 热电性能,结果表明,在 900 K 时,$Ca_5In_{1.9}Pb_{0.1}Sb_6$ 的最大 ZT 值可达 2.46。其热电性能的增强主要是由于 Pb 的掺入在 $Ca_5In_2Sb_6$ 的带隙中引入了中间带,从而有效改善了能带结构。

4.3.1 晶格结构

图 4-11 为 $Ca_5In_2Sb_6$ 的正交结构(见书末彩插),是优化后的 $Ca_5In_2Sb_6$ 晶体结构,它和 4.3.2 中的 $Ca_5Al_2Sb_6$ 有相同的晶格结构。每个晶胞包含 10 个 Ca 原子、4 个 In 原子及 12 个 Sb 原子,其中有 7 种不等价原子,包括 3 种不等价的 Ca 原子、1 种 In 原子及 3 种不等价位的 Sb 原子。这 3 种不等价的 Ca 原子分别标记为 Ca1、Ca2 和 Ca3,3 种不等价的 Sb 原子分别标记为 Sb1、Sb2 及 Sb3。图 4-11(a) 为从 c 轴方向观察到 $Ca_5In_2Sb_6$ 的晶格结构,图 4-11(b) 为沿着 c 方向的一维共价子结构,并且两个无限长的四面体一维链通过 Sb—Sb 相连接成双链。这个无限长的双链有利于电子的传输。为了确定 Pb 的掺杂位置,本书计算了 Pb 取代 $Ca_5In_2Sb_6$ 的 7 个不等价位的形成能。结果表明 Pb 原子倾向于占据 $Ca_5In_2Sb_6$ 的 In 位,而不是 Ca 位或者 Sb 位。

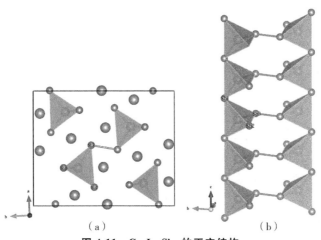

（a）　　　　　　　　　　　（b）

图 4-11　$Ca_5In_2Sb_6$ 的正交结构

注：空间群为 Pbam，其中绿球、蓝球和棕球分别代表 Ca、In 和 Sb。

4.3.2　热电输运性质

采用第一性原理结合半经典的玻尔兹曼理论[2]，在常数弛豫时间近似下，计算了 $Ca_5In_2Sb_6$ 的电子输运性质，这种计算方法已用于计算一些已知的热电材料的运输系数，发现与实验结果有非常好的一致性[24-26]。采用刚性带模型计算不同掺杂浓度的输运性质。由于 Seebeck 系数正比于温度和态密度有效质量，反比于载流子浓度，而电导率正比于载流子浓度，反比于能带有效质量。正如前面提到的，一种好的热电材料需要较大的 Seebeck 系数和高的电导率。因此，为了得到最优的载流子浓度，图 4-12 给出了 p 型和 n 型 $Ca_5In_2Sb_6$ 的热电性能在不同温度下随载流子浓度的变化。然而，为了去掉 σ/τ 中的弛豫时间 τ，需要采用 Ong 等的估算方法[25]，参照文献[12]中的实验电导率 σ，根据 $\tau = C \times 10^{-6} T^{-1} n^{-1/3}$ 得到。当温度为 600 K、载流子浓度为 1.694×10^{20} cm^{-3} 时，对应的电阻率 $\rho = 6.7855$ mΩ·cm。在相同的温度和载流子浓度下，计算得到的 σ/τ 为 5.57×10^{18} mΩ·s，通过与实验对比，得到 $\tau = 2.646 \times 10^{-15}$ s，在整个温度范围内，τ 随温度的增加而降低，即与温度有 $1/T$ 的依赖关系，并且掺杂情况下，有一个标准的电子-声子相互弛豫时间关系 $\tau \propto n^{-1/3}$。所以得到的 $\tau = 8.842 \times 10^{-6} T^{-1} n^{-1/3}$，其中 τ 的单位为 s，T 的单位为 K，n 的单位为 cm^{-3}。用计算得到的弛豫时间，就可以得到在不同

载流子浓度和温度下的电导率。为了得到 ZT 值,本书采用实验得到的
$Ca_5In_2Sb_6$ 在 300 K、500 K、700 K 和 900 K 下的热导率,分别为 1.4 mK^{-1}、
1.02 mK^{-1}、0.83 mK^{-1} 和 0.8 mK^{-1}[1]。

图 4-12 给出了 p 型和 n 型 $Ca_5In_2Sb_6$ 在 300 K、500 K、700 K 和 900 K
时,载流子浓度为 $10^{19} \sim 10^{21}$ cm^{-3} 的塞贝克系数 S、电导率 σ 以及热电优值
ZT 随载流子浓度的变化。由图 4-12(a)可以看出 p 型 $Ca_5In_2Sb_6$ 的塞贝克系
数为正,n 型 $Ca_5In_2Sb_6$ 的塞贝克系数为负,在较高载流子浓度下,塞贝克系
数的值随载流子浓度的增大而减小,随温度的升高而增大,并且 n 型
$Ca_5In_2Sb_6$ 塞贝克系数大于 p 型 $Ca_5In_2Sb_6$ 的。从图 4-12(b)可以看出,电导
率与载流子浓度成正比,温度从 300 K 升至 900 K 时,σ 减小,这主要是由于
随温度的升高,晶格振动加强,声子对载流子的散射变强。图 4-12(c)给出了
热电优值 ZT 随载流子浓度的变化,对于 p 型 $Ca_5In_2Sb_6$,ZT 值最大可达
0.38,对应的温度为 900 K、载流子浓度为 1.03×10^{20} cm^{-3};对于 n 型
$Ca_5In_2Sb_6$,ZT 值最大可达 0.49,对应的温度为 900 K、载流子浓度为 $1.16 \times$
10^{20} cm^{-3}(见书末彩插)。

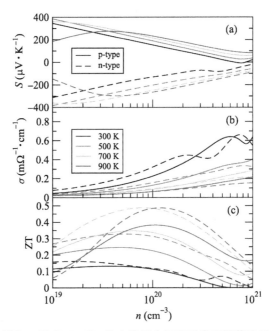

图 4-12　p 型和 n 型 $Ca_5In_2Sb_6$ 热电性能在不同温度下随载流子浓度的变化

为了研究 $Ca_5In_2Sb_6$ 在哪个方向上输运性质最好,图 4-13 给出了 900 K

时，$Ca_5In_2Sb_6$ 沿 x、y 及 z 方向上电输运性质随载流子浓度的变化。从图 4-13(a)可知，在高载流子浓度下，p 型和 n 型 $Ca_5In_2Sb_6$ 沿 x 方向的塞贝克系数比其他两个方向的大，这可能是由于沿 x 方向的能带弥散度比较小。图 4-13(b)是沿 x、y、z 3 个方向的电导率随载流子浓度的变化，可以看出，p 型和 n 型 $Ca_5In_2Sb_6$ 沿 z 方向的电导率比沿 x 及 y 方向大得多，这是由于价带和导带沿 $Y-S$、$Y-\Gamma$ 及 $Y-T$ 方向的弥散度不同导致的。p 型 $Ca_5In_2Sb_6$ 沿 z 方向的 σ 大于 n 型 $Ca_5In_2Sb_6$ 的，n 型和 p 型 $Ca_5In_2Sb_6$ 沿 z 方向的 ZT 值都是最大的，分别为 0.64 和 1.12，对应的载流子浓度分别为 $8.57\times10^{19}\ cm^{-3}$ 和 $1.03\times10^{20}\ cm^{-3}$，因此，$Ca_5In_2Sb_6$ 沿 z 方向具有良好的热电性能，和关于 $Ca_5Al_2Sb_6$ 的讨论结果一致，主要归因于它们沿 z 方向通过角共享四面体形成一维链状结构。

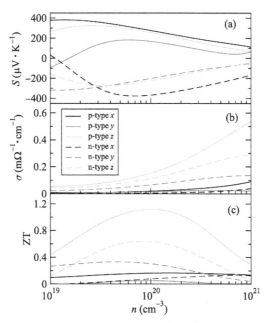

图 4-13　900 K 时，$Ca_5In_2Sb_6$ 沿 x、y、z 方向的输运性质随载流子浓度的变化

4.3.3　电子结构

费米能级附近的电子结构对输运性质是至关重要的。众所周知，高的 ZT 值需要大的有效质量、高的载流子迁移率、低的热导率及高的能谷简并。电子结构计算可以直接提供这些特性的重要信息。图 4-14、图 4-15 和图 4-16 分

别给出了 $Ca_5In_2Sb_6$ 的能带结构、能带分解电荷密度及态密度(DOS)。由于输运性质只与价带最大值(VBM)和导带最小值(CBM)附近的电子态密切相关，所以本书把讨论的重点放在费米面附近的电子态。如图 4-14 所示，$Ca_5In_2Sb_6$ 是带隙为 0.49 eV 的直接带隙半导体。能带的弥散度决定了材料的能带有效质量[27]。根据有效质量计算公式得到价带有效质量分别为 $m_x^* = -2.35\ m_e$(沿 Y—S 方向)、$m_y^* = -1.2\ m_e$(沿 Y—Γ 方向)及 $m_z^* = -0.5m_e$(沿 Y—T 方向)。由于轻带会有一个大的电导率，重带有利于得到大的塞贝克系数，因此，各向异性的有效质量应该是 p 型 $Ca_5In_2Sb_6$ 各向异性输运性质的原因。

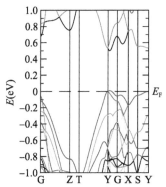

图 4-14　$Ca_5In_2Sb_6$ 的能带结构

(价带顶设置为 0 eV)

为了进一步研究材料的输运性质，本书采用基于密度泛函理论的 VASP 软件包计算了 $Ca_5In_2Sb_6$ 费米面附近的能带分解电荷密度。VBM 在 Y 点的电荷密度如图 4-15(a)及图 4-15(c)所示，等值面的水平分别为 0.0016 和 0.0012(电荷密度的单位为 $e\mathring{A}^{-3}$)。图 4-15(a)给出 VBM 主要是由 Sb 原子周围的电子组成，并且 3 个不等价的 Sb 原子贡献的大小顺序是：Sb3＞Sb1＞Sb2，这和图 4-16 给出的分态密度的结果是一致的。从图 4-15(b)可以看出，CBM 主要是由 Sb 原子和 Ca 原子贡献的，这为进一步研究 $Ca_5In_2Sb_6$ 的掺杂提供指导。当我们把等值面设置为 0.0012 时，p 型 $Ca_5In_2Sb_6$ 的 Ca1 原子及 Sb2 原子的电荷密度沿 z 方向相连接[图 4-15(c)]而形成电荷通道，而 n 型 $Ca_5In_2Sb_6$ 的所有原子的电荷密度都没有相连通[图 4-15(d)]。这一结果表明，p 型 $Ca_5In_2Sb_6$ 沿 z 方向电导率应该比 n 型 $Ca_5In_2Sb_6$ 的大[图 4-13(b)]。

图 4-16 为 $Ca_5In_2Sb_6$ 的分态密度(见书末彩插)。可以看出，价带顶主要

是由 Sb 原子特别是 Sb3 原子贡献的,而导带底主要是由 Sb3 和 Ca 原子贡献的,这与计算所得能带分解电荷密度相对应(图 4-15)。In 原子对费米面附近的电子态几乎没有贡献。从这方面来看,掺杂 In 位原子不仅可以增加材料中的载流子浓度,还不影响费米能级附近的能带形状。另外,在 In 位合金化也可以增加声子散射,从而降低材料的热导率。

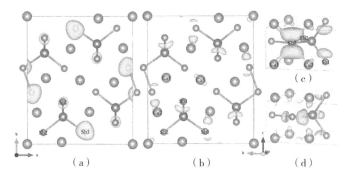

(a)价带中的 Y 点;(b)导带中的 Y 点;(c)价带中的 Y 点;(d)导带中的 Y 点。

图 4-15　$Ca_5In_2Sb_6$ 的费米面附近的能带分解电荷密度

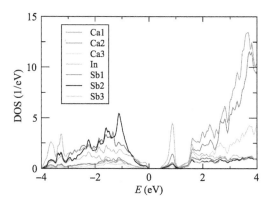

图 4-16　$Ca_5In_2Sb_6$ 的分态密度

(价带顶设置为 0 eV)

4.3.4　Pb 掺杂 $Ca_5In_2Sb_6$ 的热电特性

对 Zintl 相化合物进行掺杂是优化 ZT 值的一个有效策略。$Ca_5In_2Sb_6$ Zn 掺杂的实验结果表明,在最佳 Zn 掺杂浓度下的最大 ZT 值达 0.7,对应的温度为 1000 K。图 4-17 为 $Ca_5In_{1.9}Zn_{0.1}Sb_6$ 的能带结构。可以看出,费米面位于价带内,材料为所预期的简并半导体。Zn 掺杂 $Ca_5In_2Sb_6$ 的 VBM 及 CBM 的能带形状没有发生大的变化。Zn 掺杂能够增加 Zintl 化合物的载流子浓度,从而增加电导率。然而,由于增加的载流子浓度使 Zn 掺杂的 Zintl 化合物的塞贝克系数降低很多。

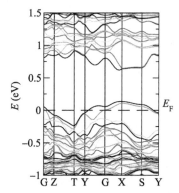

图 4-17 Zn 掺杂的 $Ca_5In_2Sb_6$ 的能带结构

(价带顶设置为 0 eV)

因此,探讨一种增加 Zintl 相化合物的电导率且对塞贝克系数影响较小的新方法是很有价值的。为此本书研究了 Pb 取代 In 位,在替换掺杂浓度为 5％时 $Ca_5In_2Sb_6$ 的电子结构和输运性质。计算得到的 $Ca_5In_{1.9}Pb_{0.1}Sb_6$ 的能带结构及分态密度如图 4-18 所示。由于 $Ca_5In_{1.9}Pb_{0.1}Sb_6$ 的能带结构是用 $1×1×5$ 的超胞计算得到 5,所以沿 $\Gamma-Z$ 和 $Y-T$ 方向布里渊区应该被折叠 5 倍。如图 4-18 所示,Pb 掺杂 $Ca_5In_2Sb_6$ 的能带结构发生的一个很明显的变化——带隙中出现了一个中间带。这个中间带主要是由 Pb 的 s 态贡献的。比较图 4-14 及图 4-18(a)可以看出,Pb 掺杂并没有改变 $Ca_5In_2Sb_6$ 的价带形状。Pb 掺杂引起的中间带将主带隙分为两个子带隙,价带顶的简并度为 2,而导带底的简并度为 1,这有利于使 p 型 $Ca_5In_{1.9}Pb_{0.1}Sb_6$ 获得较大的塞贝克系数。此外,价带和导带沿着 $Y-T$ 方向比沿其他两个方向有更大的弥散性。因此,p 型和 n 型的 $Ca_5In_{1.9}Pb_{0.1}Sb_6$ 沿 z 方向的电导率可能比沿 x 及 y 方向的大。

由于中间带的出现,电子不仅可以从价带激发到导带,而且可以从中间带跃迁到导带及从价带到中间带,这可能会使材料有很大的电导率。为了研究中间带的来源,我们计算得到了 $Ca_5In_{1.9}Pb_{0.1}Sb_6$ 的分态密度 DOS,如图 4-18 (b)所示。可以看出,中间带主要是由 Pb 的 s 态贡献,并且 Sb 的 p 态也有很小的贡献，这说明 Pb 和 Sb 原子之间存在弱的杂化。因为 Sb 的 s 态贡献很小，所以图 4-18(b) 中没有显示 Sb 的 s 态。在 $Ca_5In_2Sb_6$ 中，In 原子周围有 4 个 Sb 原子形成四面体结构，Pb 原子替换 In 原子，位于四面体中心。价带顶主要来源于 Pb 的 s 态、Pb 的 p 态及 Ca 的 d 态。因此，Pb 对于电子输运起很重要的作用，导致 $Ca_5In_{1.9}Pb_{0.1}Sb_6$ 具有很大的电导率，从而使其具有很大的 ZT 值。

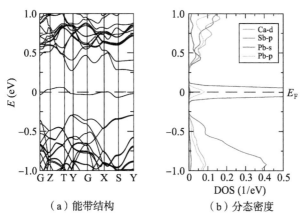

（a）能带结构　　　　（b）分态密度

图 4-18　$Ca_5In_{1.9}Pb_{0.1}Sb_6$ 的能带结构及分态密度

（费米能级处设置为 0 eV）

利用半经典玻尔兹曼理论，在常数电子弛豫时间近似下，研究了 $Ca_5In_{1.9}Pb_{0.1}Sb_6$ 的电子输运性质。用估计的弛豫时间得到电导率及 ZT 关于载流子浓度的函数。用实验数据得到 $\tau = 6.876 \times 10^{-5} T^{-1} n^{-1/3}$，其中 τ 的单位为 s，T 的单位为 K，n 的单位为 cm^{-3}。用这个弛豫时间得到不同温度及不同载流子浓度下的电导率。图 4-19 给出的是温度在 300 K、500 K、700 K 及 900 K 载流子浓度为 $2.5 \times 10^{20} \sim 1 \times 10^{21}$ cm^{-3} 时，$Ca_5In_{1.9}Pb_{0.1}Sb_6$ 的塞贝克系数 S、电导率 σ 及热电优值 ZT 关于载流子浓度的函数。

如图 4-19(a) 所示，塞贝克系数随载流子浓度的增大而降低。此外，在相同载流子浓度下，S 随温度的升高而增大。比较图 4-19(b) 及图 4-14(b) 得出，相同温度下 $Ca_5In_{1.9}Pb_{0.1}Sb_6$ 的电导率比 $Ca_5In_2Sb_6$ 的增加明显（见书末彩插）。在最优的载流子浓度下，p 型 $Ca_5In_{1.9}Pb_{0.1}Sb_6$ 的 ZT 大于 n 型的，这主要归因于 p 型 $Ca_5In_{1.9}Pb_{0.1}Sb_6$ 电导率的较大。在 300 K、500 K、700 K 和 900 K 下，p 型 $Ca_5In_{1.9}Pb_{0.1}Sb_6$ 的最大 ZT 值分别为 0.87、1.70、2.33 和 2.46，对应的载流子浓度分别为 3.49×10^{20} cm^{-3}、3.48×10^{20} cm^{-3}、3.66×10^{20} cm^{-3} 及

3.85×10^{20} cm^{-3}。在 300 K、500 K、700 K 和 900 K 下 n 型 Ca$_5$In$_{1.9}$Pb$_{0.1}$Sb$_6$ 的最大 ZT 值分别为 0.71、1.00、0.99 和 1.01，对应的载流子浓度分别为 2.86×10^{20} cm^{-3}、2.97×10^{20} cm^{-3}、2.8×10^{20} cm^{-3} 及 3.45×10^{20} cm^{-3}。因此，可以预测 Ca$_5$In$_{1.9}$Pb$_{0.1}$Sb$_6$ 具有较好的热电性能。

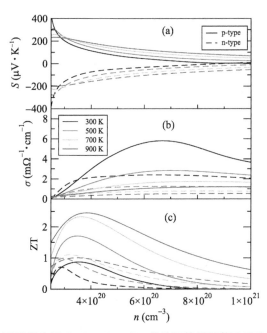

图 4-19 不同温度下 Ca$_5$In$_{1.9}$Pb$_{0.1}$Sb$_6$ 的输运性质随载流子浓度的变化

为讨论 Pb 掺杂含量的变化对电子结构和输运性质的影响，图 4-20 和图 4-21 分别给出了 Pb 掺杂浓度为 10% 时 Ca$_5$In$_2$Sb$_6$ 的电子结构和输运性质（见书末彩插）。Ca$_5$In$_{1.8}$Pb$_{0.2}$Sb$_6$ 的能带结构及相应的分态密度如图 4-20 所示。从图 4-20(a)可以看出，带隙中出现了两条孤立的中间带，仔细分析发现这两条中间带主要由 Pb 的 s 和 Sb 的 p 杂化贡献的。由于 Sb 的 s 态对费米面附近的态密度贡献较小，所以没有给出其态密度。Pb 掺杂浓度的增加可能会导致 Pb 的 s 轨道和 Sb 的 p 轨道的杂化增强。此外，用和前面相同的方法估算的弛豫时间 $\tau = 2.07 \times 10^{-4} T^{-1} n^{-1/3}$。与未掺杂的 Ca$_5In_2Sb_6$ 相比，Ca$_5$In$_{1.8}$Pb$_{0.2}$Sb$_6$ 的塞贝克系数下降较多[图 4-21(a)]，电导率有所增加[图 4-21(b)]。从图 4-21(c)可知，p 型 Ca$_5$In$_{1.8}$Pb$_{0.2}$Sb$_6$ 的最大 ZT 值在 900 K 时达 1.24，对应的载流子浓度为 7.89×10^{20} cm^{-3}；n 型 Ca$_5$In$_{1.8}$Pb$_{0.2}$Sb$_6$ 的最大 ZT 值在 900 K 时达 0.87，对应的载流子浓度为 7.82×10^{20} cm^{-3}。

与 Zn 掺杂不同，Pb 掺杂浓度为 5% 时，$Ca_5In_2Sb_6$ 的电导率有显著的增强，并且对塞贝克系数的不利影响较小。因此，在适当的 Pb 掺杂浓度下，$Ca_5In_2Sb_6$ 可能会达到一个很高的 ZT 值。

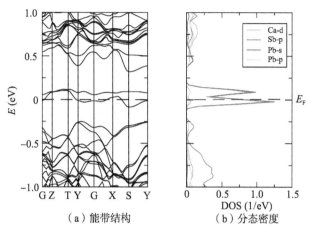

图 4-20　$Ca_5In_{1.8}Pb_{0.2}Sb_6$ 的能带结构和分态密度

（费米能级处设置为 0 eV）

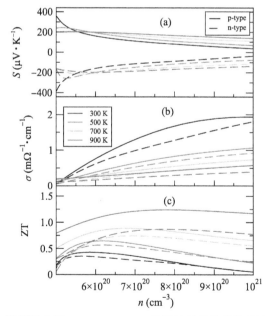

图 4-21　不同温度下 $Ca_5In_{1.8}Pb_{0.2}Sb_6$ 的输运性质随载流子浓度的变化

4.3.5　小结

适当浓度的 Pb 取代 In 位改变了 $Ca_5In_2Sb_6$ 的能带结构,改善了其热电性能。由于 Pb 掺杂在 $Ca_5In_2Sb_6$ 的带隙中间出现了孤立的中间带,这个中间带主要是由 Pb 的 s 轨道贡献,Sb 的 p 态也有少量贡献。由于中间带的出现,$Ca_5In_2Sb_6$ 的电导率有显著的增加,并且对塞贝克系数的不利影响较小。因此,可以用 Pb 在 In 位进行替换掺杂(掺杂浓度为 5%)来提高 $Ca_5In_2Sb_6$ 的热电性质。对于 p 型 $Ca_5In_{1.9}Pb_{0.1}Sb_6$,最大 ZT 值在 900 K 时为 2.46,对应的载流子浓度为 3.85×10^{20} cm^{-3}。此外,n 型 $Ca_5In_{1.9}Pb_{0.1}Sb_6$ 的最大 ZT 值在 900 K 时为 1.01,对应的载流子浓度为 3.45×10^{20} cm^{-3}。因此,Pb 掺杂是改善 Zintl 相化合物热电性能的一种可能的手段。

参考文献

[1] ZEVALKINK A, POMREHN G S, JOHNSON S, et al. Influence of the triel elements (M＝Al, Ga, In) on the transport properties of $Ca_5M_2Sb_6$ Zintl compounds[J]. Chem. Mater. , 2012 (24):2091－2098.

[2] SINGH D J , NORDSTROM L. Planewaves, pseudopotentials, and the LAPW method[M]. 2nd ed. Berlin:Springer Verlag, 2006.

[3] BLAHA P, SCHWARZ K, MADSEN G, et al. An augmented plane wave plus local orbitals program for calculating crystal properties[M]. Austria: Univ. Wien, 2001.

[4] Singh D J. Structure and optical properties of high light output halide scintillators[J]. Phys. Rev. B, 2010 (82):155145.

[5] GEORG K H, DAVID S J. A code for calculating band-structure dependent quantities[J]. Comput. Phys. Commun. , 2006, 175(1): 67－71.

[6] YAN Y L, WANG Y X, ZHANG G B. Electronic structure and thermoelectric performance of Zintl compound $Ca_5Ga_2As_6$[M]. J. Mater. Chem. , 2012 (22):20284－20290.

[7] YAN Y L, WANG Y X. Crystal structure, electronic structure, and thermoelectric properties of $Ca_5Al_2Sb_6$[J]. J. Mater. Chem. , 2011 (21):12497.

[8] JEFFREY S G, TOBERER E, ZEVALKINK A. Zintl phases for thermoelectric

applications;US 8801953 B2 [P]. 2014－08－12.

[9] ZEVALKINK A, TOBERER E S, ZEIER W G, et al. Ca₃ AlSb₃ : an inexpensive, non-toxic thermoelectric material for waste heat recovery[J]. Energy & environmental science, 2011(4);510.

[10] ZEVALKINK A, SWALLOW J, OHNO S, et al. Termoelectric properties of the Ca₅ Al₂₋ₓ Inₓ Sb₆ solid solution. [J] Dalton T. , 2014(43);15872－15878.

[11] LUO D B, WANG Y X, YAN Y L, et al. The high thermopower of the Zintl compound Sr₅ Sn₂ As₆ over a wide temperature range; first-principles calculations [J]. Journal of materials chemistry A, 2014(2); 15159－15167.

[12] ZEVALKINK A, SWALLOW J, SNYDER G J. Thermoelectric properties of Zn-doped Ca₅ In₂ Sb₆ [J]. Dalton transactions, 2013(42);9713.

[13] YAN Y L, WANG Y X. Crystal structure, electronic structure, and thermoelectric properties of Ca₅ Al₂ Sb₆ [J]. J. Mater. Chem. , 2011(21);12497－12502.

[14] SAMANTHA J, ZEVALKINK A, SNYDER G J. Improved thermoelectric properties in Zn-doped Ca₅ Ga₂ Sb₆ [J]. Journal of materials chemistry A, 2013(14);244.

[15] ZEVALKINK A, TAKAGIWA Y, KITAHARA K, et al. Thermoelectric properties and electronic structure of the Zintl phase Sr₅ Al₂ Sb₆ [J]. Dalton Transactions, 2014 (434);720.

[16] BEKHTI-SIAD A, BETTINEB K, RAIC D P, et al. Electronic, optical and thermoelectric investigations of Zintl phase AE₃ AlAs₃ (AE＝Sr, Ba); first-principles calculations[J]. Chinese journal of physics,2018(56); 870.

[17] BENAHMED A, BOUHEMADOU A, ALQARNI B, et al. Bin-Omran Structural, elastic, electronic, optical and thermoelectric properties of the Zintl-phase Ae₃ AlAs₃ (Ae＝Sr, Ba)[J]. Philosophical magzine, 2018(98);1217.

[18] VERDIER P, L'HARIDON P, MAUNAYE M, et al. Etude structurale de Ca₅ Ga₂ As₆ [J]. Acta crystallographica section B; structural crystallography and crystal chemistry, 1976(32); 726－728.

[19] TOBERER E S, ZEVALKINK A, CRISOSTO N, et al. The Zintl compound Ca₅ Al₂ Sb₆ for low-cost thermoelectric power generation[J]. Adv. Funct. Mater. , 2010(20);4375－4380.

[20] ZEVALKINK A, TOBERER E S, BLEITH T, et al. Improved carrier concentration control in Zn-doped Ca₅ Al₂ Sb₆ [J]. J. Appl. Phys. , 2011(110);013721.

[21] ZEVALKINK A, SWALLOW J, SNYDER G J. Thermoelectric properties of Mn-Doped Ca₅ Al₂ Sb₆ [J]. J. Electron. Mater, 2012(5);813－818.

[22] ZEVALKINK A, SWALLOW J, OHNO S. ,et al. Thermoelectric properties of the

$Ca_5 Al_{2-x} In_x Sb_6$ solid solution [J]. Dalton T. , 2014(43):15872—15878.

[23] ATAKULOV S B, ZAYNOLOBIDINOVA S M, NABIEV G A, et al. A theory of transport phenomena in polycrystalline lead chalcogenide films mobility nondegenerate statistics [J]. Semiconductors, 2013(47):879—883.

[24] MADSEN GEORG K H, SINGH D J. TRAP B. A code for calculating band-structure dependent quantities[J]. Comput. Phys. Commun. , 2006,175(1): 67—71.

[25] RAMU A T, CASSELS L E, HACKMAN N H, et al. Rigorous calculation of the seebeck coefficient and mobility of thermoelectric materials[J]. J. Appl. Phys. , 2010,107(8): 083707.

[26] ONG K P, SINGH D J, WU P. Analysis of the Thermoelectric properties of n-type ZnO[J]. Phys. Rev. B, 2011(83):115110(1)—115110(5).

[27] MADSEN GEORG K H, KARLHEINZ S, BLAHA P,et al. Electronic structure and transport in type-I and type-VIII clathrates containing ctrontium, barium, and europium[J]. Phys. Rev. B, 2003,68(12): 125212.

第5章 Zintl 相 A_3MPn_3 的晶格结构、电子结构和热电特性

5.1 Ca_3AlSb_3 和 Sr_3AlSb_3 中四面体不同的排布方式影响电子结构和热电特性

Zintl 相化合物由于复杂的晶体结构而成为非常有应用前景的热电材[1-2]。它们一般是电负性较弱且相差不明显的原子组成阴离子基团形成 MPn_4 四面体结构,这些四面体被电正性较强的阳离子包围着。四面体中各共价键的强弱不同,这为通过掺杂调控载流子浓度提供了得天独厚的条件,同时也使 Zintl 相具有较低的晶格热导率,如在 1000 K 时,Ca_3AlSb_3、Sr_3AlSb_3 和 Sr_3GaSb_3 的晶格热导率都小于 $0.6W \cdot m^{-1}K^{-1[3-5]}$。Zintl 相化合物 Ca_3AlSb_3 和 Sr_3AlSb_3 由于丰富的元素储存及无毒特性,是非常有潜力的热电材料。实验研究表明 Zn 掺杂 Ca_3AlSb_3 最大热电优值 ZT 在 1050 K 时取得,达 $0.8^{[4]}$。而 Sr_3AlSb_3 最优载流子浓度较低,最大 ZT 在 800 K 取得[4],仅为 0.15 左右。这两个化合物阴离子基团相同,阳离子也属于同一个周期的元素,最优 ZT 值为什么有这么大的差别呢?这和 3.3 研究的 $Sr_5Al_2Sb_6$ 与 $Ca_5Al_2Sb_6$ 的热电特性差别的原因一样吗?为了探寻导致这种差别的微观机制,本节通过第一性原理结合半经典玻尔兹曼理论研究了 A_3AlSb_3($A=Ca$,Sr)的电子结构和热电特性。发现,Ca_3AlSb_3 中的 Al 位比 Sr_3AlSb_3 中的 Al 位更容易被 Zn 原子取代是由于 Ca 的电负性大于 Sr 的电负性,导致前者比后者形成的 Al—Sb 共价键弱。另外,研究还发现,Zn 取代 A_3AlSb_3($A=Ca$,Sr)中的 Al 位比 Na 或 K 取代 A 位更容易,这主要是因为 Al 和 Sb 原子形成的是共价键,而 A 位原子和阴离子之间形成的是离子键。刚性带模拟掺杂结果表明,n 型 Sr_3AlSb_3 在 850 K 载流子浓度为 $4.5 \times 10^{20} cm^{-3}$ 时,取得最大的 ZT 值 0.77。

5.1.1 晶体结构

从图 5-1 可以看出,A_3AlSb_3($A=Ca$,Sr)有完全相同的阴离子基团,且 Ca 和 Sr 原子的价电子组态 Ca $4s^2$ 和 Sr $5s^2$ 也相似,即最外层都有两个价电子,但它们的阴离子基团的排布却完全不同。Ca_3AlSb_3 的空间群为 62(Pnma),Sr_3AlSb_3 的空间群为 64(Cmca),阴离子基团不同的排列方式分别如图 5-1(a)和图 5-1(b)所示(见书末彩插)。Ca_3AlSb_3 的相邻两个四面体通过角共享形成一维链状结构,且两个相邻链的排列方位稍有不同,而 Sr_3AlSb_3 的相邻两个四面体通过边共享形成独立的四面体对,相邻两个四面体对交叉排列,其中一个四面体对是另一个四面体相对转动 90°的状态。分析存在这一差别的原因主要是 Ca 和 Sr 是同一主族元素,而 Sr 是 Ca 的下一个周期的元素,众所周知,同一主族元素随原子序数的增加,失去电子的能力增强。所以 3 个 Ca 贡献给阴离子基团的 6 个价电子的能力稍比 3 个 Sr 的弱一些。在 Ca_3AlSb_3 中,$AlSb_3$ 基团含电子不足 6 个,为了满足八隅律,一个 Al 原子得到不足 1 个价电子并和周围的 4 个 Sb 形成共价键,非角共享的两个 Sb 原子分别得到两个价电子,处于角共享的那个 Sb 原子得到不足 1 个价电子,因此,相邻四面体之间通过角共享的 Sb 原子形成一维的链状结构。由于 Sr 原子的电负性稍稍弱于 Ca 原子的,阴离子基团得到的 6 个价电子的数额较足,所以 1 个 Al 原子得到 1 个价电子,非角共享的两个 Sb 原子分别得到两个价电子,剩下的 1 个价电子给了角共享的 Sb 原子,角共享的 Sb 原子和相邻的那个四面中的 Al 原子形成共价键,所以相邻两个四面体通过边共享形成四面体对后和其他四面体对相互作用较弱,从而形成了独立的四面体对,而相邻两个四面体之间还是存在微弱的相互作用的,为了受力平衡,相邻的两个四面体对相对转动了 90°。

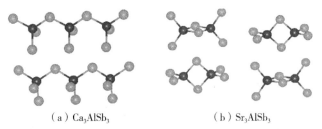

(a) Ca_3AlSb_3 (b) Sr_3AlSb_3

图 5-1 A_3AlSb_3($A=Ca$,Sr)中阴离子基团不同的排列方式

注:绿球表示 Sb 原子,蓝球表示 Al 原子。

表 5-1 给出了优化后 A_3AlSb_3（$A=Ca,Sr$）的晶体常数和原子位置。Ca_3AlSb_3 原胞中有 7 个不等价原子，分别标记为 Ca_1、Ca_2、Ca_3、Al、Sb_1、Sb_2 和 Sb_3。Sr_3AlSb_3 原胞中有 5 个不等价原子，分别标记为 Sr_1、Sr_2、Al、Sb_1 和 Sb_2。Ca_3AlSb_3 和 Sr_3AlSb_3 原胞中分别有 28 个和 56 个原子。Sr_3AlSb_3 中较多的原子数导致它较低的晶格热导率（1000 K 时，Ca_3AlSb_3 和 Sr_3AlSb_3 的晶格热导率分别为 $0.6 \text{ W} \cdot \text{m}^{-1}\text{K}^{-1}$ 和 $0.5 \text{ W} \cdot \text{m}^{-1}\text{K}^{-1}$）[3-5]。由于好的热电特性的材料一般具有较高的各向异性[6]。从图 5-1 可以看出，Ca_3AlSb_3 是由四面体通过角共享形成的一维链状结构，而 Sr_3AlSb_3 通过四面体边共享形成一个个四面体对，且相邻的两个四面体对可相对转动 90°，从这一点可以判断 Ca_3AlSb_3 的晶格结构的各向异性大于 Sr_3AlSb_3 的。

表 5-1　A_3AlSb_3（$A=Ca,Sr$）的晶格常数及原子位置

化合物种类	晶格常数	原子类型	分数坐标		
			x	y	z
Ca_3AlSb_3	$a=12.9637\text{Å}$	Ca_1	0.27240	0.25000	0.27952
	$b=4.5191\text{Å}$	Ca_2	0.55863	0.25000	0.38798
	$c=14.3421\text{Å}$	Ca_3	0.35002	0.25000	0.99673
		Al	0.56762	0.25000	0.79666
		Sb_1	0.61368	0.25000	0.60928
		Sb_2	0.75644	0.25000	0.88129
		Sb_3	0.04036	0.25000	0.35077
Sr_3AlSb_3	$a=20.6293\text{Å}$	Sr_1	0.17600	0.30314	0.12913
	$b=6.9666\text{Å}$	Sr_2	0.00000	0.19028	0.35367
	$c=13.6355\text{Å}$	Al	0.08617	0.00000	0.00000
		Sb_1	0.33948	0.28833	0.12283
		Sb_2	0.00000	0.21262	0.10750

表 5-2 给出 A_3AlSb_3 (A=Ca,Sr)中近邻原子间的键长。在 Sr_3AlSb_3 中,Al 与 Sb 之间的最短键长是 2.71 Å,而 Ca_3AlSb_3 原胞中 Al 与 Sb 之间的最短键长是 2.73 Å,表明 Sr_3AlSb_3 比 Ca_3AlSb_3 存在较强的 Al—Sb 共价键。在 Ca_3AlSb_3 和 Sr_3AlSb_3 原胞中,A 和 Sb 之间的最短距离分别为 3.14 Å 和 3.38 Å,这很可能是由于 Sr 的离子半径大于 Ca 的离子半径导致的,还有可能是 Ca 的电负性大于 Sr 的,导致 Sr 失去价电子的能力强于 Ca 的,从而使 Sr 表现出更强的离子性,这和上述分析结果一致。

表 5-2　A_3AlSb_3 (A=Ca,Sr)中近邻原子间的键长

单位:Å

化合物种类	原子类型	近邻原子及键长							
		近邻原子	键长	近邻原子	键长	近邻原子	键长	近邻原子	键长
Ca_3AlSb_3	Ca_1	Sb_1	3.14	Sb_3	3.18	Sb_2	3.25	Al	3.26
	Ca_2	Sb_1	3.18	Sb_1	3.25	Sb_2	3.30		
	Ca_3	Sb_2	3.17	Sb_3	3.30	Sb_3	3.39	Sb_1	3.42
	Al	Sb_2	2.73	Sb_1	2.75	Sb_3	2.77	Ca_1	3.26
	Sb_1	Al	2.75	Ca_1	3.14	Ca_2	3.18	Ca_2	3.25
	Sb_2	Al	2.73	Ca_3	3.17	Ca_1	3.25	Ca_2	3.30
	Sb_3	Al	2.77	Ca_1	3.18	Ca_3	3.30	Ca_3	3.39
Sr_3AlSb_3	Sr_1	Al	3.32	Sb_1	3.38	Sb_1	3.40	Sb_1	3.51
	Sr_2	Sb_2	3.36	Sb_2	3.37	Sb_1	3.40	Sb_1	3.40
	Al	Sb_1	2.71	Sb_1	2.71	Sb_2	2.74	Sb_2	2.74
	Sb_1	Al	2.71	Sr_1	3.38	Sr_1	3.40	Sr_2	3.40
	Sb_2	Al	2.74	Al	2.74	Sr_2	3.36	Sr_2	3.37

5.1.2　A_3AlSb_3 (A=Ca，Sr)的电子输运特性

为了得到 A_3AlSb_3 (A=Ca，Sr)的最优载流子浓度,图 5-2 给出了 850 K 时,n 型和 p 型 A_3AlSb_3 (A=Ca，Sr)$1×10^{18}$～$1×10^{22}$ cm^{-3} 的载流子输运特性。从图 5-2(a)可以看出,Ca_3AlSb_3 的 S 随着载流子浓度的增大先升高后降低,Sr_3AlSb_3 的 S 随着载流子浓度的增大先缓慢降低后明显降低。因为

图 5-2 给出的是在重掺杂下的载流子输运性质,对于重掺杂半导体,S 可由式 (5-1)计算[7]:

$$S = \frac{8\pi^2 k_0^2}{3eh^2} m_{\mathrm{DOS}}^* T \left(\frac{\pi}{3n}\right)^{2/3}。 \tag{5-1}$$

式中,k_0 为玻尔兹曼常数;m_{DOS}^* 为态密度有效质量;T 为温度;n 为载流子浓度。随着掺杂浓度的增大,参与输运的能带条数增加,导致态密度有效质量增加,从而使 S 增大。另外,随着载流子浓度的增大,S 系数减小。两项竞争的结果是 S 先增大后减小。除 Sr_3AlSb_3 有较高载流子浓度外,Sr_3AlSb_3 的 S 大于 Ca_3AlSb_3 的,这主要归于两个方面:一个是 Sr_3AlSb_3 的带隙($S_{\max} = E_g/2eT_{\max}$)较大;另一个是 Sr_3AlSb_3 的能带有效质量明显较大。A_3AlSb_3 (A=Ca, Sr)的 p 型 S 稍大于 n 型的,主要原因是 A_3AlSb_3(A=Ca, Sr)的价带态密度有效质量稍高于导带的,这一点可以从图 5-4 给出的总态密度得到验证。图 5-2(b)是 A_3AlSb_3(A=Ca, Sr)的电导率随载流子浓度的变化情况。无论是 n 型 A_3AlSb_3(A=Ca,Sr)还是 p 型 A_3AlSb_3(A=Ca, Sr),电导率随着载流子浓度的增大而升高。

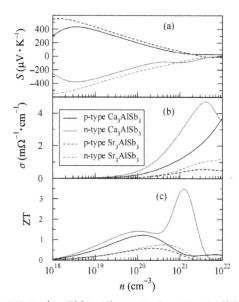

图 5-2　850 K 时,n 型和 p 型 A_3AlSb_3(A=Ca, Sr)的输运特性

众所周知,电导率和载流子浓度成正比($\sigma = n_e\eta$)。在相同载流子浓度下,Ca_3AlSb_3 的电导率明显大于 Sr_3AlSb_3 的,是因为它的能带有效质量较小。值得一提的是,n 型 Ca_3AlSb_3 的电导率在高载流子浓度时有所降低,这可能是由于高的载流子浓度下散射增强、载流子有效质量增加所导致的。图 5-2(c)给出了 A_3AlSb_3($A=Ca$, Sr)的热电优值 ZT 随载流子浓度的变化关系,可以看出 n 型掺杂的 A_3AlSb_3($A=Ca$, Sr)的 ZT 大于 p 型掺杂的,结合图 5-2(b)和图 5-6 可知,A_3AlSb_3($A=Ca$, Sr)在导带底较小的能带有效质量导致其具有较大的电导率,且在相同掺杂类型和掺杂载流子浓度下 Ca_3AlSb_3 的 ZT 远大于 Sr_3AlSb_3 的,这应该和 Ca_3AlSb_3 大的电子结构的各向异性相关。

为了进一步研究阴离子基团的排列方式引起电子结构的各向异性对输运性质的影响,图 5-3 给出了在温度为 850 K 时,A_3AlSb_3($A=Ca$, Sr)n 型和 p 型的输运系数和各向异性随载流子浓度的变化。图 5-3(a)是 Ca_3AlSb_3 的。图 5-3(b)是 Sr_3AlSb_3 的。可以看出,n 型 Ca_3AlSb_3 的 S 沿各个方向随载流子浓度的变化特性比 p 型 Ca_3AlSb_3 的更加明显,这可能是由于在导带底,沿 Γ—X、Γ—Y 和 Γ—Z 方向的能带有效质量差异较大。无论是 p 型还是 n 型,Ca_3AlSb_3 的电导率和弛豫时间的比值沿着 Y 方向的明显大于其他两个方向,这是因为在 Ca_3AlSb_3 晶体中 y 方向代表了一维链状的方向,所以沿链的方向有利于提高电导率。对于 Sr_3AlSb_3,无论 n 型还是 p 型,S 沿 x、y 和 z 方向的各向异性不明显,这主要是由于 Sr_3AlSb_3 的晶体结构中四面体是成对出现,相邻两个四面体相对转动 90°且 Sr 形成的阳离子均匀分布的原因。最有意思的是,Sr_3AlSb_3 的电导率比弛豫时间的值远小于 n 型 Ca_3AlSb_3 沿 y 方向的电导率比弛豫时间的值,这进一步证明 Ca_3AlSb_3 中的一维链状结构有利于电导率的提高。

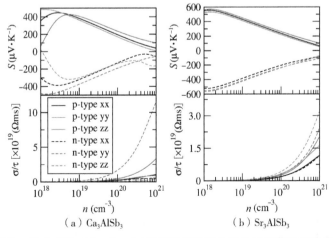

（a）Ca_3AlSb_3 （b）Sr_3AlSb_3

图 5-3　n 型和 p 型 A_3AlSb_3($A=Ca$, Sr)的输运系数和各向异性随载流子浓度的变化情况

5.1.3　电子结构

电子结构与载流子输运性质息息相关，为了理解上述 A_3AlSb_3（A＝Ca，Sr）的输运性质随载流子浓度的变化规律，本小节详细讨论这两种材料的电子结构。图 5-4 为 A_3AlSb_3（A＝Ca，Sr）的总态密度和部分态密度情况（见书末彩插）。从图 5-4(a)和图 5-4(e)可以看出，A 原子在导带底和价带顶都有贡献，Sb 原子主要贡献在价带顶，而 Al 原子主要贡献在导带底。价带顶的态密度主要由 Sb 原子的 p 态贡献，可能是由于 Sb 原子中没有成键的孤对电子。导带底的态密度主要由 A 原子的 s 轨道和 d 轨道贡献的。从图 5-4(b)和图 5-4(f)可知，在所有 s 电子的贡献中，Al 的 s 态电子占主导作用。从图 5-4(c)和图 5-4(g)可知，在所有的 p 轨道态密度中，Sb 原子 p 轨道的贡献远远超过 A 原子和 Al 原子的 p 轨道贡献。对于 Ca_3AlSb_3，Sb 原子的 p 轨道的分轨道 p_x、p_y 和 p_z 的贡献差别较大，其中 p_z 对导带的贡献最大。而 Sr_3AlSb_3 中 Sb 原子的分轨道 p_x、p_y 和 p_z 的贡献基本接近，这意味着在 Ca_3AlSb_3 中，由一维链状结构导致的电子结构的各向异性较强。

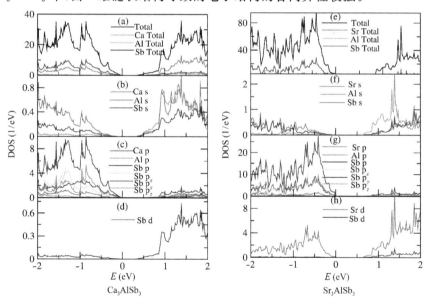

图 5-4　A_3AlSb_3（A＝Ca，Sr）的总态密度和部分态密度

为了更深入地研究 A_3AlSb_3（A＝Ca，Sr）的电子结构，本书计算了局域电荷密度函数（ELF），结果如图 5-5 所示。这是一种可靠的提供电子成对和局域化的方法，广泛用来描述分子和固体的化学键。ELF＝1，表示共价键是完全局域化的或者是孤对电子[8]。从图 5-5 可以看出，较强的电子局域化存在于 Al－Sb 之间，意味着 Al－Sb 之间存在较强的共价键。众所周知，在纯的共价半导体 Si 和 Ge 中[9]，载流子的迁移率非常高，所以沿一维共价链的方向应该也有高的载流子迁移率。图 5-5(a)为 Al－Sb 键形成了四面体链的框架，而图 5-5(b)为 Al－Sb 键构成两个共边四面体的框架，这与前面研究的 Zintl 相的成键一致。

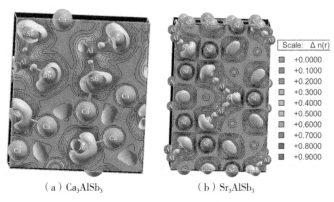

（a）Ca_3AlSb_3　　　　　　（b）Sr_3AlSb_3

图 5-5　A_3AlSb_3（A＝Ca，Sr）的局域电子函数

图 5-6 给出了 A_3AlSb_3（A＝Ca，Sr）的能带结构。在 Ca_3AlSb_3 和 Sr_3AlSb_3 这两种化合物中，前者的带隙明显小于后者的，它们的价带顶和导带底都在 Γ 点，是直接带隙半导体，带隙的大小分别是 0.71 eV 和 0.89 eV，非常接近实验带隙大小 0.65 eV 和 0.70 eV。在优化热电特性的过程中，有效质量是一个基本的冲突参数，一个重的态密度有效质量（m_{DOS}^*）有利于大的塞贝克系数，然而一个轻的惯性有效质量（m_I^*）有利于高的迁移率及大的电导率。塞贝克系数和态密度有效质量及能带简并度的关系可以用式(5-2)表示：

$$m_{DOS}^* = (m_{\Gamma-X}^* m_{\Gamma-Y}^* m_{\Gamma-Z}^*)^{1/3} N_V^{2/3}。 \tag{5-2}$$

式中，$m_{\Gamma-X}^*$、$m_{\Gamma-Y}^*$ 和 $m_{\Gamma-Z}^*$ 分别代表沿 3 个垂直方向的能带有效质量。p 型 Ca_3AlSb_3 沿 x、y 和 z 方向的有效质量比 p 型 Sr_3AlSb_3 的小，与 p 型 Ca_3AlSb_3 具有高的载流子迁移率和电导率相一致。然而，由于前者价带顶的能带简并度大于后者,所以 p 型 Ca_3AlSb_3 的态密度有效质量 m_{DOS}^* 略小于 p 型 Sr_3AlSb_3 的,这与实验所得 p 型 Ca_3AlSb_3 的 S 略小于 Sr_3AlSb_3 的相一致。这个结论表明在不改变载流子迁移率的情况下,能带简并度的增加增大了 S,从而有效提高了材料的热电转换效率。因此,Ca_3AlSb_3 由于具有较小的能带质量、较大的能谷简并度及有利于电子传输的一维链状结构,有望成为有应用前景的热电材料。建议研究 Ca_3AlSb_3 的一维链状方向热电性质(表 5-3)。

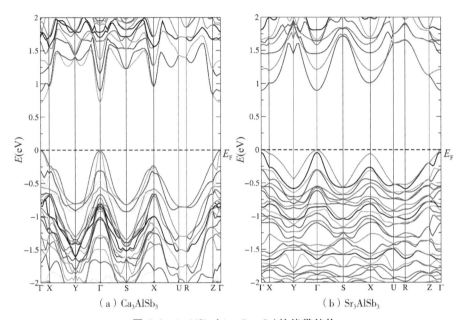

（a）Ca_3AlSb_3　　　　（b）Sr_3AlSb_3

图 5-6　A_3AlSb_3（A＝Ca，Sr）的能带结构

表 5-3　A_3AlSb_3（A＝Ca，Sr）的带隙、能带简并度及能带有效质量

化合物类型	E_g(eV)	N_v	$m_{\Gamma-X}^*$	$m_{\Gamma-Y}^*$	$m_{\Gamma-Z}^*$	m_{DOS}^*
n 型 Ca_3AlSb_3	0.71	1	0.67	0.12	0.91	0.42
p 型 Ca_3AlSb_3	0.71	2	0.67	0.57	0.62	0.98
n 型 Sr_3AlSb_3	0.85	1	0.51	0.36	0.78	0.52
n 型 Sr_3AlSb_3	0.85	1	0.87	0.85	1.31	0.99

5.1.4　小结

本章通过采用基于密度泛函的第一性原理并结合半经典玻尔兹曼理论,

探究了 A_3AlSb_3（A=Ca，Sr）的晶格结构、电子结构性质和热电性质的关系，研究发现，Sr_3AlSb_3 比 Ca_3AlSb_3 中的 Al—Sb 键强，给出了实验上 Sr_3AlSb_3 比 Ca_3AlSb_3 更难获得最优载流子浓度的原因，也探究了 Ca_3AlSb_3 中的阴离子基团形成了一维链状结构而 Sr_3AlSb_3 却形成了四面体对的原因。通过对 A_3AlSb_3（A=Ca，Sr）的电子结构和热电性质分析，发现 Ca_3AlSb_3 的一维链状结构有利于电子传输，导致材料具有较大的各向异性。考虑到 p 型 Ca_3AlSb_3 具有较大的能谷简并度 N_v，建议研究 Ca_3AlSb_3 沿着一维链状方向的热电特性。

5.2　Sr_3GaSb_3 的电子结构和热电性质

Zintl 相化合物有电正性较强的阳离子（尤其是第一和第二主族）贡献电子给阴离子[5,10]，同时阴离子之间又通过共价键形成四面体结构，四面体的 4 个共价键强弱不同。这种混合了离子键和共价键的结构常导致材料有低的晶格热导率，同时也为掺杂提高材料的电输运性质提供了条件。但是，有研究表明几种 Zintl[3-4,11-12] 相化合物的 ZT 几乎都小于 1，这主要归因于它们较低的电导率。例如，虽然 Ca_3AlSb_3 沿着一维链有高的载流子迁移率，但相对低电导率的载流子浓度致使其相对较低。所以有必要去探索获得高载流子浓度的同时降低对 S 不利影响的方法。已有实验合成 Sr_3GaSb_3，并且通过 Zn^{2+} 替代 Ga^{3+} 位得到 p 型 Sr_3GaSb_3 的 ZT 在 1000 K 时达到 0.9[13]。p 型 Sr_3GaSb_3 不仅具有高的载流子浓度，同时具有高的 S。更为重要的是，通过掺杂来找到最优的载流子浓度，最后获得高的 ZT。本章通过第一性原理并结合半经典 BoltzTrap 理论研究 Sr_3GaSb_3 的电子结构和热电性质[14-16]。结果表明 850 K 时，通过掺杂的 n 型 Sr_3GaSb_3 的 ZT 能够达到 1.74，对应的最优载流子浓度 ZT 为 $3.5×10^{20}$ cm^{-3}。

5.2.1　晶格结构

根据第 3 章和第 4 章关于价键的讨论可知，Sr_3GaSb_3 能够表述为 $Sr_6^{12+}Ga_2^{2-}Sb_4^{2-}Sb_2^{2-}$，把 Ga 原子作为共价离子次结构的一部分。1 个 Ga 原子分别要和 4 个 Sb 原子成键,因此拥有 -1 价,并产生两个密排的共角四面体。这两个共角四面体形成了 Sr_3GaSb_3 的基本重复单元。Sr_3GaSb_3 有两个不等价的 Ga 原子和 6 个不等价的 Sb 原子,分别标记为 Ga_1、Ga_2、Sb_1、Sb_2、Sb_3、Sb_4、Sb_5 和 Sb_6。图 5-7 为 Sr_3GaSb_3 的单斜晶体结构。图 5-7(a)是从 c 轴方向观察的 Sr_3GaSb_3,图 5-7(b)是从 a 方向观察的 Sr_3GaSb_3,Sr_3GaSb_3 的重复单元是 $[Ga_2Sb_6]^{12-}$。这种两个共角的 $[Ga_2Sb_6]^{12-}$ 形成 1 个四面体重复单元,这种扭曲的一维结构有利于电子的传输。Sr_3GaSb_3 原胞中有 56 个原子[13],它们组成非同一般的 Zintl 相链状结构,类似于 Z 形链。

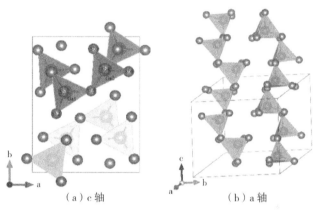

（a）c 轴　　　　　　　　　（b）a 轴

图 5-7　Sr_3GaSb_3 的单斜晶体结构

注:其空间群为 $P2_1/n$,其中四面体中包裹的是 Ga 原子,四面体角上的是 Sb 原子。

5.2.2　输运性质

为了得到 Sr_3GaSb_3 的最优掺杂浓度及最优热电特性的方向,本章在常数弛豫时间近似下,计算 850 K、$1 \times 10^{18} \sim 1 \times 10^{21} cm^{-3}$ 时,p 型和 n 型 Sr_3GaSb_3 各向异性的输运性质,结果如图 5-8 所示(见书末彩插)。从图 5-8(a)可以看出,n 型 Sr_3GaSb_3 在高载流子浓度时,S 沿 y 方向比其他两个方向的大,这是由于导带沿 $\Gamma-Y$ 方向具有较大的能带简并度,这一点可以通过能带图得到验证。而 p 型 Sr_3GaSb_3 的 S 沿 y 方向要小于其他两个方向,这要归于价带沿 $\Gamma-Y$ 方向较小的单能带有效质量。总体来说,在相同的载流子浓度情况下,n 型 Sr_3GaSb_3 S 绝对值大于 p 型的(当载流子浓度大于 $1 \times 10^{19} cm^{-3}$)。另外,S 系数随着载流子浓度的增大,先升高后降低。这个现

象可以从式(5-3)中得到合理的解释。对于简并半导体,Seebeck 系数可由式(5-3)表述为:

$$S = \frac{8\pi^2 k_0^2}{3eh^2} m_{DOS}^* T \left(\frac{\pi}{3n}\right)^{2/3} 。$$ (5-3)

式中,k_0 是玻尔兹曼常数;$S = \frac{S_e\sigma_e + S_h\sigma_h}{\sigma_e + \sigma_h}$,是态密度有效质量;$T$ 是温度;n 是载流子浓度。从式(5-3)可以看出,塞贝克系数和能带有效质量成正比,和载流子浓度成反比,当载流子浓度增加时,参与输运的能带数增加,导致能带有效质量增加,这会增加塞贝克系数,同时载流子浓度的增加会减小塞贝克系数,这两项竞争的结果产生了塞贝克系数先增大后降低。

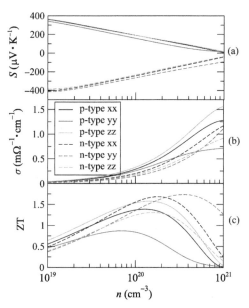

图 5-8　850 K 时,Sr_3GaSb_3 输运性质的各向异性随载流子浓度的变化

图 5-8(b)描述了 Sr_3GaSb_3 电导率的各向异性随载流子浓度的变化情况。电导率和载流子浓度之间的关系式 $S_h = -\frac{k_B}{e}\left[\ln\left(\frac{N_c}{n_n}\right) + 2.5 - \gamma\right]$,而迁移率 η 和能带有效质量成反比。p 型 Sr_3GaSb_3 的电导率高于 n 型 Sr_3GaSb_3,主要归因于它的价带沿 3 个垂直方向(Γ—Y、Γ—Z 和 Γ—B)能带有效质量的较小。p 型 Sr_3GaSb_3 在 z 方向有最大的电导率,这和图 5-7 (a) 中,$[Ga_2Sb_6]^{12-}$ 的层状结构沿 c 轴方向形成扭曲的链相一致。从图 5-8(b)也可

以看出，n 型 Sr₃GaSb₃ 沿 y 方向有较小的电导率。图 5-8(c)给出 p 型 Sr₃GaSb₃ 的最大的 ZT 值在沿 z 方向上出现(ZT＝1.57)，对应的载流子浓度为 $1.6×10^{20}$ cm⁻³。而 n 型 Sr₃GaSb₃ 的 ZT 值沿 xx 方向和 yy 方向的最大 ZT 值分别为 1.68 和 1.74，对应的载流子浓度分别为 $1.9×10^{20}$ cm⁻³ 和 $3.5×10^{20}$ cm⁻³。这表明 n 型 Sr₃GaSb₃ 沿 y 方向可以获得最好的热电性质，这归因于 n 型 Sr₃GaSb₃ 大的 S 系数对于 ZT 的贡献，超过了低的电导率对 ZT 的不利影响。

5.2.3　电子结构

由于输运性质和价带最大值(VBM)和导带最小值(CBM)附近的电子结构紧密相关，因此，本段集中研究费米能级附近的电子结构。图 5-9 给出了各个原子在费米能级附近的态密度(见书末彩插)。图 5-9 表明 Sr₃GaSb₃ 的带隙是 0.64 eV，VBM 和 CBM 分别主要由 Sb 和 Ga 贡献的。从 −4～−2 eV，价带主要由 Sb 和 Ga 态贡献；从 3～4 eV，导带主要由 Sr 态形成，这和前面讨论的 Sr 贡献出全部的价电子给阴离子基团的价键讨论结果一致。价带顶的态密度主要由 Sb 原子特别是 Sb6 原子贡献的，导带底 Ga 原子的态密度大于 Sb 原子，尤其是 Ga2 原子在导带底的贡献最大，但考虑到 Sb 原子和 Sr 原子的个数大于 Ga 的，所以导带底总的态密度主要由 Sr 原子贡献。因此，调节 n 型 Sr₃GaSb₃ 的热电性质非常有效的方法是替换 Ga2 位原子，这和 5.1 关于 Sr₃AlSb₃ 的讨论结果一致。

图 5-10 给出了在考虑自旋轨道耦合的情况下，采用 TB-mBJ-GGA 和 GGA 计算的 Sr₃GaSb₃ 的能带结构。可以看出，TB-mBJ-GGA 计算的能带结构间接带隙(0.64 eV)，VBM 在 Γ 点，CBM 在 Γ 和 Z 之间。这个带隙非常接近实验值 0.5 eV，由 $E_g=2eS_{max}T_{max}$[13] 可知，这样计算出的塞贝克系数才更加接近于实际值。用 GGA 计算的能带结构和用 TB-mBJ 计算的能带形状相似，但 GGA 计算的带隙比 TB-mBJ-GGA 的带隙要小，只有 0.18 eV，远小于实验值(0.5 eV)。可见 mBJ＋RSO 计算的 Sr₃GaSb₃ 的电子结构更合理，因此，上面计算的电子输运性质就是基于此电子结构。

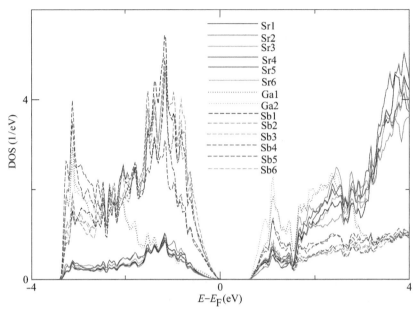

图 5-9　Sr₃GaSb₃ 的分态密度

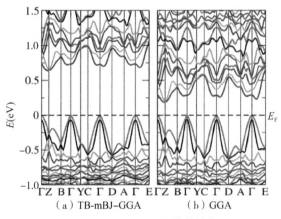

（a）TB-mBJ-GGA　　（b）GGA

图 5-10　Sr₃GaSb₃ 的能带结构

由于材料的最优电子性能依赖于加权的迁移率（γ）[17-18]，这里 $B = \dfrac{1}{3\pi^2}$

$(\dfrac{2k_B T}{2})^{3/2} (m_x^* m_y^* m_z^*)^{1/2} \dfrac{k_B T \mu}{e\kappa_l}$；$m_e$ 分别是态密度有效质量 [$Z_{\max} \propto N_v$

$\dfrac{T^{3/2} \tau_z \sqrt{\dfrac{m_x^* m_y^*}{m_z^*}}}{\kappa_l} e^{(\gamma + 1/2)}$]；$N_v$ 是能带简并度；m_i^* ($i = x, y, z$) 是单能谷的能

带有效质量的平均值)和静态电子质量。对于载流子散射主要来自声子散射的体系，m_{DOS}^*。因此，提高能带有效质量对于迁移率有害。但是，多重简并能谷在不降低迁移率 μ 的同时产生大的 $(m_1^* m_2^* m_3^*)^{1/3} N_v^{2/3}$。因此，一个大的能谷简并度 N_v 有利于提高 m_1^*，结果导致产生大的 S 系数，很明显一个大的能谷简并度对于热电材料是有帮助的[19]。这和第 7 章的研究结果一致，即不论是哪一种散射机制，能带简并度的增加都有利于热电特性的提高。图 5-10 表明，在导带底的能谷简并度等于 2，而价带顶只有 1，这有利于 n 型 Sr₃GaSb₃ 获得大的 S。沿 Γ—Y、Γ—Z 和 Γ—B 方向比导带底有较强的弥散性。单能谷的能带有效质量可从式(5-4)获得：

$$m_b^* = \hbar^2 \left[\frac{\mathrm{d}^2 E(K)}{\mathrm{d}k^2} \right]_{E(K)=Ef}^{-1} 。 \tag{5-4}$$

这里 $\hbar$ 是约化普朗克常量。根据式(5-4)和图 5-10 可以得出，在导带底沿 3 个不同方向的能带有效质量大于价带顶的能带有效质量。因此，n 型 Sr₃GaSb₃ 比 p 型 Sr₃GaSb₃ 有更大的塞贝克系数，尤其是 n 型 Sr₃GaSb₃ 沿 y 方向有最大的 S 系数。另外，价带沿 Γ—Y、Γ—Z 和 Γ—B 方向有较大的带宽，也就是比在导带更强的弥散性，因此空穴有效质量明显大于电子有效质量。这种大的带宽有利于电子的传输。

5.2.4　小结

本节采用第一性原理并结合半经典玻尔兹曼理论研究了 Sr₃GaSb₃ 的晶格结构、电子结构和热电性质，发现 n 型 Sr₃GaSb₃ 的输运性质好于 p 型 Sr₃GaSb₃，这归因于导带底大的能带有效质量和导带沿 Γ—Y 方向大的能带简并度，这两个原因导致 n 型 Sr₃GaSb₃ 有高的 Seebeck 系数。更为重要的是，在 850 K 时，n 型 Sr₃GaSb₃ 沿 y 方向 ZT 值达 1.74，对应载流子浓度为 3.5×10^{20} cm⁻³。对于 p 型掺杂，在价带顶较多的能谷数目有助于 p 型 Sr₃GaSb₃ 产生高的载流子浓度。这种高的载流子浓度有助于 p 型 Sr₃GaSb₃ 同时获的高的电导率和塞贝克系数。

参考文献

［1］ ZEVALKINK A, POMREHN G, SNYDER G J. Thermoelectric properties and electronic structure of the Zintl-Phase Sr_3AlSb_3［J］. Chem SusChem. , 2013(6):12.

［2］ SHI Q F, YA N Y L, WANG Y X. Electronic structure and thermoelectric performance of Zintl compound Sr_3GaSb_3: a first-principles study［J］. Applied Phys. Lett. , 2014(104):012104.

［3］ ZEVALKINK A, TOBERER E S, ZEIER W G. , et al. Ca_3AlSb_3: an inexpensive, non-toxic thermoelectric material for waste heat recovery［J］. Energy Environ. Sci. , 2011(4):510. .

［4］ ZEIERW G, ZEVALKINK A, SNYDER G J. Thermoelectric properties of Zn-doped Ca_3AlSb_3［J］. J. of Mater. Chem. , 2012(22):9826.

［5］ KAUZLARICH S M,. BROWN S R, SNYDER G J. Zintl phases for thermoelectric devices［J］. Dalton Trans. , 2007(21):2099

［6］ SNYDER G J, TOBERER E S. Complex thermoelectric materials［J］. Nat. Mater. , 2008(7): 105.

［7］ WANG N, LI H, BA Y, et al. Effects of YSZ additions on thermoelectric properties of Nb-Doped strontium titanate［J］. J. Electron. Mater. , 2010(39): 1777 - 1781.

［8］ SAVIN A. , JEPSEN O, FLAD J, et al. Localization in solid-state structures of the elements: the diamond structure［J］. Angew. Chem. Int. Ed. Engl. , 1992(31):187.

［9］ ROWE D M. CRC Handbook of Thermoelectrics［M］. Boca Raton, FL: CRC Pres,1995.

［10］ TOBERER E S, MAY A F, SNYDER G J. Zintl chemistry for designing high efficiency thermoelectric materials［J］. Chem. Mater. , 2010(22):624.

［11］ YAN Y L , WANG Y X. Electronic structure and thermoelectric performance of Zintl compound $Ca_5Ga_2As_6$［J］. J. Mater. Chem. , 2012(22):20284.

［12］ TOBERER E S, ZEVALKINK A, SNYDER G J. the zintl compound $ca_5al_2sb_6$ for low-cost thermoelectric power generation［M］. Adv. Funct. Mater, 2010(20):4375.

［13］ ZEVALKINK A, SNYDER G J. Thermoelectric properties of Sr_3GaSb_3 a chain-forming Zintl compound［J］. Energy Environ. Sci. , 2012(5):9121.

［14］ BLAHA P, SCHWARZ G K, MADSEN H, et al. An augmented plane wave+local orbitals program for calculating crystal properties ［Z］. Vienna University of Technology，Vienna，Austria，2001．

[15] TRAN F，BLAHA P. Accurate band gaps of semiconductors and insulators with a semilocal exchange-correlation potential[J]. Phys. Rev. Lett. , 2009(102):226401.

[16] THONHAUSER T J, SCHEIDEMANTEL J, SOFO O, et al. Thermoelectric properties of Sb_2Te_3 under pressure and uniaxial stress[J]. Phys. Rev. B, 2003(68): 085201.

[17] MAHAN G D. Solid state physics[M]. Academic Press Inc. ,San Diego, 1998.

[18] GPLDSMID H J. Thermoelectric Refrigeration[M]. New York: Plenum, 1964.

[19] PEI Y, SHI X, LALONDE A H, et al. Snyder,Convergence of electronic bands for high performance bulk thermoelectric[J]. Nature, 2011(473):66.

第 6 章　Ba_2ZnPn_2 及其他 Zintl 相化合物的电子结构和热电特性

6.1　Ba_2ZnPn_2 的电子结构和热电特性

6.1.1　晶体结构

Ba_2ZnPn_2 与 K_2SiP_2[1] 同型,其晶格结构是正交的,空间群是 Ibam。以 Ba_2ZnAs_2 为例,Ba_2ZnAs_2 的晶格结构是由无限、孤立的 $[ZnAs_2]^{4-}$ 链构成。Ba 原子分布在共价 $[ZnAs_2]^{4-}$ 链之间,通过提供价电子实现晶格结构的价态平衡。每个单胞分别包含 8 个 Ba 原子、4 个 Zn 原子和 8 个 As 原子。优化后的 Ba_2ZnAs_2 的晶格参数是 $a = 13.5827$ Å,$b = 6.9623$ Å,$c = 6.6467$ Å。(Ba_2ZnSb_2 $a = 13.9215$ Å,$b = 7.0735$ Å,$c = 6.8540$ Å;Ba_2ZnBi_2 $a = 14.1486$ Å,$b = 7.1788$ Å,$c = 6.9885$ Å)。孤立的聚阴离子链 $[ZnAs_2]^{4-}$,是由共价结合和离子结合共存的边共享 $ZnAs_4$ 四面体构成的,如图 6-1(a)所示,见书末彩插。

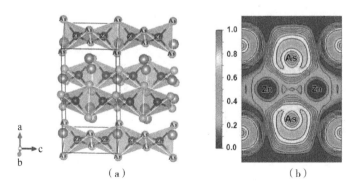

(a)　　　　　　　　　(b)

图 6-1　Ba_2ZnAs_2 的晶体结构和电子局域

注:粉红色是 Ba 原子,紫色是 Zn 原子,绿色是 As 原子。

在 ZnAs₄ 四面体中,Zn 原子位于四面体的中心,As 原子位于 4 个顶角上。由前面的讨论知这种类型的链状分布有可能导致沿着链的方向高的电导率。

图 6-1(b)给出了 Ba₂ZnAs₂ 的电子局域密度函数[2](ELF)。可以看出,Zn—Zn 之间和 As—As 之间的电子局域密度几乎是零,表明这些原子之间是不成键的;电子局域密度主要分布在 As 原子的周围,这意味着 Ca 把价电子转移给了阴离子基团 $[ZnAs_2]^{4-}$,从而维持了电荷平衡$(Ba^{2+})_2(Zn^{2+})$ $(As^{3-})_2$;Zn 原子周围的局域电子密度是可以被忽略的,而 Zn 原子和 As 原子周围的电子局域密度在比较靠近 As 的位置达到最大值,这表明 Zn 原子和 As 原子之间是处在共价键和离子键共存的状态。

6.1.2　弛豫时间和热导率的计算

弛豫时间是准确估算电导率的关键因素。在三维体系中,球型能量面的弛豫时间可以近似为[3]:

$$\tau \approx \frac{2\sqrt{2\pi}C_\beta^{3D}\hbar^4}{3(k_BTm^*)^{\frac{3}{2}}E_\beta^2}。 \tag{6-1}$$

其中,C_β^{3D} 是三维弹性常量,m^* 是载流子有效质量,E_β 是三维形变势。为了估测 x、y、z 3 个方向的电子弛豫时间,需要计算电子和空穴在这 3 个方向上的有效质量。将 β 方向的形变势定义为 $E_\beta = \partial E/(\partial a/a_0)$($a_0$ 是平衡晶格参数),然后基于导带底和价带顶能量的改变,选择一系列的晶格常数(0.99 a_0、0.995 a_0、a_0、1.005 a_0 和 1.01 a_0)计算得到了电子和空穴的形变势。正如 Wei 和 Zuger[4] 所论证的那样,深能级的能量对比较小的晶格形变不敏感,所以深能级的能量只作参考能量。表 6-1 给出了弛豫时间计算所需要的各个参数,且图 6-2 给出了 Ba₂ZnPn₂(Pn=As、Sb、Bi)的弛豫时间在 β 方向随温度的变化(见书末彩插)。

热导率是另外一个影响材料热电性能的重要参数。晶格热导率主要来源于晶格的振动,电子热导率则由弗兰兹-韦德曼定律描述。大多数 Zintl 相化合物的最大功率因子都出现在中高温区,在这个温度范围内,最小晶格热导率在数量级上可以和实际晶格热导率相比拟的。本章采用估算其他的 Zintl 相化合物[5]热导率相似的方法,得到了 Ba₂ZnPn₂(Pn=As、Sb、Bi)的最小晶格热导率,且将估测结果列于表 6-1 中。另外,研究发现 Ba₂ZnPn₂ 的电子热导率$(\kappa_E = \kappa_{E/\tau} \times \tau)$随温度的升高而增大,且它们的电子热导率在中高温区是不能被忽略的。

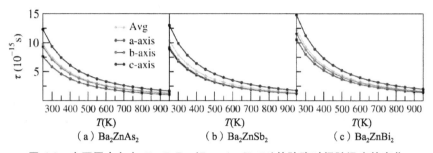

图 6-2　在不同方向上,$Ba_2 ZnPn_2$($Pn=As,Sb,Bi$)的弛豫时间随温度的变化

表 6-1　估测 $Ba_2 ZnPn_2$($Pn=As,Sb,Bi$)的弛豫时间需要的参数及计算得到的最小晶格热导率(κ_{min})

化合物		$m(m_0)$			E_β(eV)			C_β(GPa)			κ_{min}
		$a(x)$	$b(y)$	$c(z)$	$a(x)$	$b(y)$	$c(z)$	$a(x)$	$b(y)$	$c(z)$	(W/mK)
$Ba_2 ZnAs_2$	VBM	10.90	13.90	3.50	3.45	2.47	6.44	73	65	73	0.43
$Ba_2 ZnSb_2$	VBM	9.70	5.80	2.50	3.78	5.23	8.60	84	77	83	0.41
$Ba_2 ZnBi_2$	VBM	2.33	1.87	1.43	9.61	10.42	11.27	76	70	76	0.34

6.1.3　热电输运分析

许多 Zintl 相化合物有不同的共价键子结构。一维 $Ca_5 Al_2 Sb_6$ 的共价子结构由 Sb—Sb 键相互连接成梯子形结构。$Ca_3 AlSb_3$ 和 $Ca_5 Al_2 Sb_6$ 有相似的一维链状结构,但它的链是分离的。$Sr_3 AlSb_3$ 是由沿 a 轴排列的孤立的、边共享的正四面体对构成的,$Ca_3 GaSb_3$ 的相邻两个四面体由两个顶角共享和两个底角共享这两种共享方式交替出现的形式形成扭曲的一维链状结构。而 $Ba_2 ZnPn_2$($Pn=As,Sb,Bi$)的一维共价子结构,是由边共享四面体结合成的螺旋无限长链,由前面的讨论知道,这样的晶格结构会导致材料有非常大的各向异性,沿着一维链状方向电导率会很高。这可以通过下面能带结构的讨论得到印证,$Ba_2 ZnPn_2$($Pn=As,Sb,Bi$)的能带最显著的特征是它们价带有效质量的各向异性。垂直于共价链的方向上的有效质量非常大,而平行于共价链的方向(沿 z 方向)上的有效质量非常小,这意味着共价四面体的排列方式对材

料能带结构和其电子输运性质都有非常明显的影响。在这些 Zintl 相化合物中，$Ca_5Al_2Sb_6$ 的能带各向异性小于 Ca_3AlSb_3 的，而 Sr_3AlSb_3 的各向异性却更弱，可见晶体结构的各向异性决定了电子结构和载流子输运性质的各向异性。

　　图 6-3 给出了这些 Zintl 相化合物的理论和实验得到的塞贝克系数和电阻率[5-7]（见书末彩插）。研究表明，A_3AlSb_3（A＝Ca，Sr）的价带主要由 Sb 的 p 电子起主导作用，而导带主要的贡献来源于 A 原子，所以它们的输运系数随着温度的增加有相似的变化趋势，如图 6-3 所示。另外，Ba_2ZnBi_2 在整个温度范围内都有比较小的塞贝克系数，这意味着其热电性能不会太好。计算得到在温度为 600 K 时，Ba_2ZnPn_2（Pn＝As，Sb，Bi）的 ZT 值分别是 0.66、0.58 和 0.13；在 900 K 时，Ba_2ZnPn_2 的 ZT 值分别是 0.68、0.40 和 0.06。实际上，Ba_2ZnAs_2 的塞贝克系数是随着温度的升高单调增加的（归因于它具有大的带隙），这将有助于此材料在高温区获得大的 ZT 值。

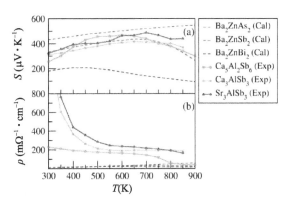

图 6-3　一些 Zintl 相化合物的理论和实验塞贝克系数与电阻率[5-7]

　　一般来讲，性能好的热电材料同时具有大的塞贝克系数和电导率。在金属或简并半导体中，塞贝克系数与载流子浓度成反比，而电导率与载流子浓度成正比，（$\sigma = ne\mu$，μ 是载流子迁移率，它受单谷能带有效质量的影响较大），由于载流子浓度对塞贝克系数和电导率的影响是矛盾的，所以需要寻求两者之间的平衡。热电材料最大的热电优值往往出现在载流子浓度为 $10^{19} \sim 10^{21}$ cm^{-3}。因此，本章节主要研究了载流子浓度 $10^{19} \sim 10^{21}$ cm^{-3} 的 Ba_2ZnPn_2（Pn＝As，Sb，Bi）的输运性质。图 6-4 给出了 600 K 和 900 K 时，Ba_2ZnPn_2（Pn＝As，Sb，Bi）的平均输运参数随着载流子浓度的变化。众所周知，材料中的载流子一般是电子和空穴共存的，这种现象叫双极化效应，是不利于塞贝克系数提高的，一般来说，在相同温度下，材料的带隙越小，双极化效

应越明显,此时的塞贝克系数的表达式可以写成:

$$S = \frac{S_e \sigma_e + S_h \sigma_h}{\sigma_e + \sigma_h}。 \tag{6-2}$$

其中,S_h(S_e)代表空穴(或电子)的塞贝克系数,σ_h(σ_e)代表空穴(或电子)的电导率。如图 6-4 所示,p 型 Ba_2ZnPn_2 的塞贝克系数在不同的温度下都为正;在相同的温度下,它的塞贝克系数随着载流子浓度的增大持续减小(这个变化趋势与塞贝克系数反向依赖载流子浓度相一致)[8],见书末彩插。一般来说,大的能带简并度有利于塞贝克系数的提高。价带顶或导带底弱的能带弥散度,预示着大的载流子有效质量,对应大的塞贝克系数,便能很好地解释为什么这 3 种化合物的塞贝克系数有 Ba_2ZnAs_2 > Ba_2ZnSb_2 > Ba_2ZnBi_2 的顺序。同时研究发现,双极化效应从 Ba_2ZnAs_2 到 Ba_2ZnBi_2 逐渐增强。电子和空穴同时参与输运使小带隙半导体出现了更加明显的双极化效应,不利于材料热电性能的提高[式(6-2)],因此,选择合适的带隙也是获得高的热电转换效率的另一种方法。

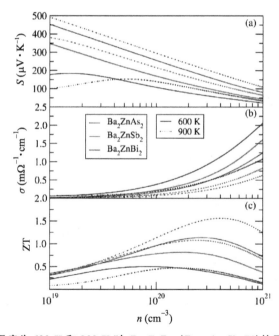

图 6-4 在温度为 600 K 和 900 K 时,Ba_2ZnPn_2($Pn=As,Sb,Bi$)的平均输运性质随载流子浓度的变化情况

图 6-4(b)是 600 K 和 900 K 时,p 型 Ba_2ZnPn_2($Pn=As,Sb,Bi$)的电导率

随载流子浓度的变化。随着温度的升高,声子散射增强,这 3 种化合物的电导率随温度升高而减小,这是因为在相同载流子浓度下,温度的升高增强了载流子散射而导致的。在相同的温度下,它们的电导率随着载流子浓度的增大而增大,这符合"电导率与载流子浓度成正比"的变化规律。另外,由于 Ba₂ZnBi₂ 小的带隙和大的能带弥散度使得在相同的温度下,Ba₂ZnBi₂ 的电导率比 Ba₂ZnAs₂ 和 Ba₂ZnSb₂ 的大。如图 6-4(c)所示,这 3 种 p 型化合物的 ZT 值都是先增大到一个峰值,然后再随载流子浓度的增大而减小。另外,Ba₂ZnAs₂ 和 Ba₂ZnSb₂ 的塞贝克系数明显大于 Ba₂ZnBi₂ 的,电导率和塞贝克系数共同作用的结果导致这 3 种材料的最大热电优值大小顺序为:Ba₂ZnAs₂＞Ba₂ZnSb₂＞Ba₂ZnBi₂。p 型 Ba₂ZnAs₂ 的最大 ZT 值(1.56)出现在温度为 900 K、空穴浓度为 $3.94×10^{20}$ cm⁻³ 时;p 型 Ba₂ZnSb₂ 的最大的 ZT 值(1.08)在温度为 900 K、空穴浓度为 $2.48×10^{20}$ cm⁻³ 时;p 型 Ba₂ZnBi₂ 的最大的 ZT 值(0.50)出现在温度为 900 K、空穴浓度为 $8.44×10^{19}$ cm⁻³ 时。

　　有研究表明,各向异性有利于提高材料的热电性能,因此,探究这 3 种化合物各向异性的 p 型热电性能是很有必要的。图 6-5 给出了 900 K 时,Ba₂ZnPn₂(Pn＝As,Sb,Bi)热电性能沿 x、y、z 3 个方向的输运性质随载流子

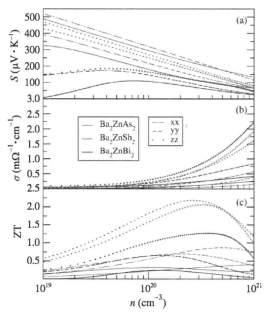

图 6-5　900 K 时，Ba₂ZnPn₂(Pn＝As,Sb,Bi)热电性能沿 x、y、z 方向的输运性质随载流子浓度的变化情况

浓度的变化情况(见书末彩插)。从图 6-5(a)和图 6-5(b)可以看出空穴浓度对 p 型 Ba_2ZnPn_2($Pn=As,Sb,Bi$)的输运性质各向异性的影响显著,它们沿 z 方向的电导率比 x 和 y 方向的大。在 900 K 时,这 3 种化合物沿 z 方向最大的 ZT 值分别为 2.18、2.06 和 1.27,对应的最优载流子浓度分别为 2.67×10^{20} cm^{-3}、3.26×10^{20} cm^{-3} 和 3.57×10^{20} cm^{-3};在 900 K 时,p 型 Ba_2ZnAs_2 和 Ba_2ZnSb_2 沿 z 方向的 ZT 值都超过了 2(约是平均值的 3 倍)。可见 p 型 Ba_2ZnAs_2 和 Ba_2ZnSb_2 沿 z 方向有较好的热电性能。

6.1.4　电子结构

材料的热电输运系数与导带底(CBM)和价带顶(VBM)的电子结构密切相关,本章仅关注在费米能级附近的电子结构。从能带结构(图 6-6)可以看出,Ba_2ZnPn_2($Pn=As,Sb,Bi$)是间接带隙半导体,带隙的大小分别为 1.254 eV、0.650 eV 和 0.168 eV,这看似与 Saparov 等得到的"Ba_2ZnSb_2 和 Ba_2ZnBi_2 是半金属"的结论相矛盾。事实上,由于 Saparov 等[9]计算时采用的交换关联势是局域密度近似(LDA),LDA 往往低估材料的带隙值。而我们是在 Ev-GGA 的基础上采用了 TB-mBJ 修正的方法,为热电材料性能的研究提供了更加准确的带隙。如图 6-6 所示,Ba_2ZnPn_2($Pn=As,Sb,Bi$)的价带顶都处在 Γ 点,导带底附近近似汇聚的能带对提高 n 型材料的输运性质是非常有益的。同时,研究发现这 3 种材料虽然有相似的能带结构,但 Ba_2ZnAs_2 有一个相对大的带隙,仔细研究发现这很可能是 As 有比 Sb 和 Bi 有更大的电负性。因为阴离子基团各个组成元素的电负性分别为 Zn 1.65、As 2.18、Sb 2.05、Bi 2.02,由于元素电负性相差越小两元素之间越容易形成共价键,而两元素之间的电负性相差越大越容易形成离子键,而 Sn 和 As、Sn 和 Sb、Sn 和 Bi 的电负性之差逐渐减小,所以这 3 种材料阴离子基团形成的共价键逐渐增强,这 3 种材料夹带的弥散度逐渐增强,导致这 3 种材料空穴掺杂的电导率逐渐增强,且 z 方向的电导率是最大的,这和图 6-5(b)给出的结论是完全一致。

为验证这个结论,图 6-7 给出了 Ba_2ZnPn_2($Pn=As,Sb,Bi$)价带顶的 4 条简并能带的分解电荷密度,Zn 原子和 Bi 原子之间的电荷汇聚大于 Zn 原子和 Sb 原子,以及 Zn 原子和 As 原子之间的。Zn 原子和 As 原子中心位置的电荷密度为 0.0012 $e/Å^3$,Zn 原子和 Sb 原子中心位置的电荷密度为 0.0018 $e/Å^3$,

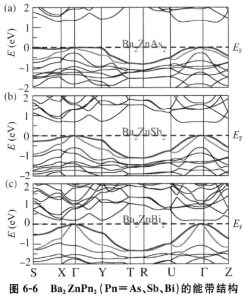

图 6-6　Ba₂ZnPn₂(Pn＝As、Sb、Bi)的能带结构

（价带顶设置为 0 eV）

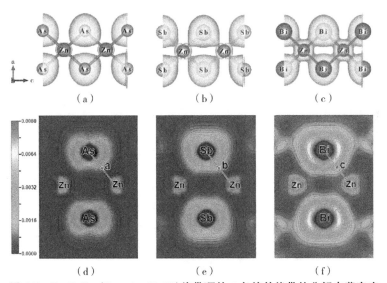

图 6-7　Ba₂ZnPn₂(Pn＝As、Sb、Bi)价带顶的 4 条简并能带的分解电荷密度

（等值面为 0.0008 e/Å³）

Zn 原子和 Bi 原子中心位置的电荷密度为 0.003 e/Å³，这意味着 Zn—Bi 键分别强于 Zn—Sb 和 Zn—As 键。因此可以推断，在 Ba₂ZnBi₂ 中存在着相对强的共价键使价带边缘的四条能带的弥散度增加，这有利于载流子迁移率

$\mu(\mu\infty m_b^{*-5/2})$ 的增加,进而导致 Ba_2ZnBi_2 的电导率高于 Ba_2ZnAs_2 和 Ba_2ZnSb_2 的;在 Ba_2ZnAs_2 中,弱的 Zn—As 共价键使价带顶的 4 条简并能带的能量范围跨度减小和价带边缘总的态密度增加,进而增大了塞贝克系数。因为它们的晶格结构都是正交的,有相对高的对称性,使得这 4 条能带在 Γ 点近似简并。在价带边缘的 4 条价带分别包括两条轻带和两条重带,轻带和重带的共存显著改善了材料的热电性能。这 3 种材料价带顶的能带弥散度和带隙从 Ba_2ZnAs_2 到 Ba_2ZnSb_2 再到 Ba_2ZnBi_2 是依次减小的,这使得它们的塞贝克系数显现出了较大的差异。价带顶的弥散度与能带有效质量(m^*)成反比,且对于一个给定的费米能,塞贝克系数和态密度有效质量成正比,载流子迁移率(μ)与 $m_b^{*-5/2}$ 成反比。总体来讲,S 和 σ 对有效质量的依赖关系存在冲突。实际上,大的 m_{DOS}^* 对于获得高的塞贝克系数是必要的,而沿输运方向小的有效质量 m_b^* 对于获得高迁移率也是必需的。态密度有效质量 m_{DOS}^* 和塞贝克系数同时依赖于各个晶体方向上的有效质量分量和能带简并度 ($N_v=4$),于是 m_{DOS}^* 可近似表达成:$m_{DOS}^*=(m_x^* m_y^* m_z^*)^{1/3}N_v^{2/3}$。计算得到的 p 型 Ba_2ZnPn_2(Pn=As,Sb,Bi)的 m_{DOS}^* 分别为 $-20.39\ m_e$、$-13.10\ m_e$ 和 $-4.64\ m_e$。因为 p 型 Ba_2ZnAs_2 有最大的 m_{DOS}^*,所以它的塞贝克系数在这 3 种物质中最大。另外,由于这 3 种 p 型掺杂的化合物 m_z^*(沿 $\Gamma-Z$)都明显小于 m_x^* 和 m_y^*,它们在沿 z 方向都有最大的电导率。为了确定电子和空穴输运贡献比较大的原子,图 6-8 给出了这 3 种材料的总的和每个原子的态密度(见书末彩插)。

这 3 种材料的阴离子基团各个组成元素的最外层电子组态分别是:Zn $3d^{10}4s^2$,As $4s^24p^3$,Sb $5s^25p^3$,Bi $6s^26p^3$,可以看出,这 3 种材料中 Pn 原子属于同一主族不同周期,Bi 原子原子序数最大,所以电负性最弱,并结合 Pn 原子和 Zn 原子的电负性差别,所以这 3 种材料具有图 6-8(a)至图 6-8(c)显示的态密度。如图 6-8(d)至图 6-8(f)所示,在价带顶附近,Pn 原子的 p 轨道对总态密度有相当大的贡献,而 s 轨道的贡献可忽略。重带对应尖的态密度峰,意味着相对大的有效质量,从而有大的塞贝克系数。从 Ba_2ZnAs_2 到 Ba_2ZnSb_2 再到 Ba_2ZnBi_2,价带顶的态密度变得越来越平缓。由上述讨论可知,这主要是由于 Zn 原子和 Pn 原子的电负性差逐渐减小,阴离子间的共价性增强,从而导致这 3 种材料的 p 型塞贝克系数具有如图 6-5 所示的变化规律。另外,我们发现 Pn 原子和 Zn 原子在价带顶有强烈的杂化。也就是说,如果我们想要在不明显改变价带顶附近能带形状的情况下,通过调节 p 型 Ba₂ZnPn₂(Pn＝As,Sb,Bi)的空穴浓度来获得大的电导率,用 K 原子和 Na 原子替换 Ba 原子是一种非常有效的方法,也可以选择合适的掺杂元素替代 Zn 或 Pn 原子的位置,通过调节 p 型 Ba₂ZnPn₂(Pn＝As,Sb,Bi)的价带顶的能带形状来增大塞贝克系数。

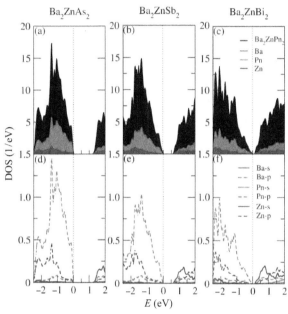

图 6-8　Ba₂ZnPn₂(Pn＝As、Sb、Bi)的总态密度和部分态密度

（价带顶设置为 0 eV）

6.1.5　小结

采用第一性原理并结合半经典玻尔兹曼理论研究了 p 型掺杂 Ba₂ZnPn₂(Pn＝As,Sb,Bi)的电子结构和热电性质。它们的能带结构显示在价带顶存在 4 条简并能带,即两条轻带和两条重带,这种轻重带共存的状态,使它们同时具有大的塞贝克系数和大的电导率。对于 Ba₂ZnAs₂,弱的 Zn－As 共价键使价带顶附近的四条简并能带交叠积分变小,从而导致了价带顶的态密度和塞贝克系数的显著增加。不同于其他 Zintl 相化合物（如 Ca₅Al₂Sb₆）,Ba₂ZnAs₂ 有大的带隙,这可能是其塞贝克系数较大的一个重要的原因。此外,它们的 VBM 在沿 Γ－Z 方向小的有效能带质量导致沿 z 方向有大的电导率。在温度为 900 K 时,p 型 Ba_2ZnAs_2 和 Ba_2ZnSb_2 沿着 z 方向的 ZT 值分别达 2.18 和 2.06,表明 Ba_2ZnAs_2 和 Ba_2ZnSb_2 都是很有前景的热电材料。而且,这 3 种化合物不同的热电性质可能主要是 Pn 元素(As/Sb/Bi)电负性的不同导致的。

6.2 引起 Zintl 相化合物 $Ba_3Al_3P_5$ 和 $Ba_3Ga_3P_5$ 热电性质差异的微观机制

Zintl 化合物复杂的晶体结构和丰富的化学成分使得通过掺杂调节其热电性能成为可能。研究人员已经合成了一些热电性能很好的 Zintl 相化合物,如 Ca_3AlSb_3[10]、Sr_3GaSb_3[11-12]、$Ca_5Al_2Sb_6$[13] 和 $Ca_5Ga_2As_6$[14] 等。本章将探讨具有菱面体结构类型(空间群为 $R\bar{3}c$)的 $Ba_3Al_3P_5$ 和 $Ba_3Ga_3P_5$[15] Zintl 相化合物的热电性能,它的晶格结构和 $Sr_5Al_2Sb_6$ 的类似,都是阴离子基团形成四面体结构,同时相邻两个四面体以角共享和边共享交替出现形成一维螺旋的链状结构。输运性质的研究发现在最优载流子浓度下,p 型 $Ba_3M_3P_5$(M=Al,Ga)的输运性质比 n 型 $Ba_3M_3P_5$ 的好。在 500 K,最优载流子浓度为 $7.1×10^{19}$ cm^{-3} 时,p 型 $Ba_3Al_3P_5$ 的 ZT 值为 0.49;在 800 K,最优载流子浓度为 $1.3×10^{20}$ cm^{-3} 时,p 型 $Ba_3Ga_3P_5$ 的 ZT 值达到 0.65。

6.2.1 晶格结构、稳定性及化学键特征

$Ba_3M_3P_5$(M=Al,Ga)具有 $R\bar{3}c$ 空间群(167 号)的菱形三角结构,每个原胞中有 18 个 Ba 原子、18 个 M 原子和 30 个 P 原子。该结构有 3 个不等价的 Ba 原子、2 个不等价的 M 原子和 3 个不等价的 P 原子。3 种不等价的 Ba 原子分别标记为"Ba1"(12 个原子)、"Ba2"(4 个原子)和"Ba3"(2 个原子)。2 个不等价位的 M 原子标记为"M1"(12 个原子)和"M2"(6 个原子),3 个不等价位的 P 原子标记为"P1"(12 个原子)、"P2"(12 个原子)和"P3"(6 个原子)。$Ba_3M_3P_5$(M=Al,Ga)是由 Ba^{2+} 和 $(M_3P_5)^{6-}$ 构成的,其中阴离子基团是由角和边共享的 MP_4 四面体构成的(图 6-9,见书末彩插)。Ba^{2+} 位于四面体之间并且贡献价电子达到电荷平衡。$Ba_3Al_3P_5$ 的原胞晶格参数是 a=12.922 Å,

$\alpha=69.41°$。Ba₃Ga₃P₅ 的原胞晶格参数是 a = 12.944 Å，$\alpha=69.68°$。Ba₃M₃P₅(M=Al,Ga)优化后的晶格参数和键长分别如表 6-2 和表 6-3 所示。从表 6-3 可以看出，Ba₃Al₃P₅ 中的 Ba−P 键和 Al−P 键的长度比 Ba₃Ga₃P₅ 中的 Ba−P 键和 Ga−P 键的短。因此，Ba₃Al₃P₅ 中 Al−P 共价键的相互作用比 Ba₃Ga₃P₅ 中 Ga−P 的相互作用强，下面对形成能的讨论将印证这一点。

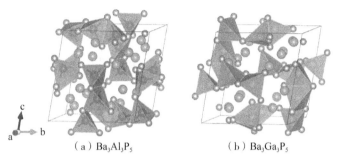

（a）Ba₃Al₃P₅　　　　　　　（b）Ba₃Ga₃P₅

图 6-9　Ba₃Al₃P₅ 和 Ba₃Ga₃P₅ 的晶格结构

注：绿色为 Ba，紫色为 P，蓝色为 Al，橘色为 Ga。

表 6-2　Ba₃Al₃P₅ 和 Ba₃Ga₃P₅ 的原子坐标

原子类型	Ba₃Al₃P₅			Ba₃Ga₃P₅		
	x	y	z	x	y	z
Ba1	0.1462	0.2232	0.6517	0.1403	0.6498	0.2261
Ba2	0.3989	0.3989	0.3989	0.3987	0.3987	0.3987
Ba3	0.2500	0.2500	0.2500	0.2500	0.2500	0.2500
M1	0.0789	0.5725	0.4937	0.0829	0.4891	0.5752
M2	0.0207	0.4793	0.7500	0.0207	0.7500	0.4793
P1	0.1094	0.4503	0.3748	0.1097	0.3771	0.4466
P2	0.2032	0.4716	0.61497	0.2056	0.6144	0.4713
P3	0.3849	0.1151	0.7500	0.3756	0.7500	0.1244

表 6-3　计算及实验（括号中）的 Ba₃Al₃P₅ 和 Ba₃Ga₃P₅ 的键长

单位：Å

成键类别	Ba₃Al₃P₅	成键类别	Ba₃Ga₃P₅
Ba1−P1	3.448(3.415)	Ba1−P1	3.544(3.482)
Ba1−P2	3.175(3.150)	Ba1−P2	3.184(3.153)
Ba1−P2	3.223(3.199)	Ba1−P2	3.240(3.199)

续表

成键类别	Ba$_3$Al$_3$P$_5$	成键类别	Ba$_3$Ga$_3$P$_5$
Ba1－P2	3.379(3.349)	Ba1－P2	3.408(3.363)
Ba1－P3	3.400(3.361)	Ba1－P3	3.392(3.344)
Ba1－P3	3.453(3.436)	Ba1－P3	3.454(3.421)
Ba2－P1	3.669(3.632)	Ba2－P1	3.655(3.623)
Ba2－P2	3.205(3.181)	Ba2－P2	3.210(3.171)
Ba3－P1	3.189(3.154)	Ba3－P1	3.189(3.142)
Al1－P1	2.418(2.401)	Ga1－P1	2.433(2.399)
Al1－P1	2.478(2.474)	Ga1－P1	2.540(2.524)
Al1－P2	2.365(2.346)	Ga1－P2	2.399(2.367)
Al1－P3	2.341(2.320)	Ga1－P3	2.362(2.328)
Al2－P1	2.461(2.446)	Ga2－P1	2.487(2.460)
Al2－P2	2.383(2.364)	Ga2－P2	2.422(2.388)

动力学稳定性是一种新结构存在的重要条件，因为软声子模的出现会导致其畸变。计算所得的 Ba$_3$M$_3$P$_5$(M＝Al,Ga)的声子色散曲线如图 6-10 所示。可以看出，在整个布里渊区中没有出现虚频，表明它们在零压下是动力学稳定的。此外，Ba$_3$M$_3$P$_5$(M＝Al,Ga)中软声学及光学的振动模式可能会导致材料有较低的晶格热导率。也可以用形成能确定材料的稳定性：

$$\Delta E = E_{(\text{Ba}_3\text{M}_3\text{P}_5)} - 3E_{(\text{Ba})} - 3E_{(\text{M})} - 5E_{(\text{P})} \quad 。 \tag{6-3}$$

其中，$E_{(\text{Ba}_3\text{M}_3\text{P}_5)}$ 是最稳定的 Ba$_3$M$_3$P$_5$ 的总能量，$E_{(\text{Ba})}$、$E_{(\text{Al})}$、$E_{(\text{Ga})}$ 及 $E_{(\text{P})}$ 分别代表 Ba、Al、Ga 及 P 单质中每个原子的能量。计算得到的 Ba$_3$Al$_3$P$_5$ 和 Ba$_3$Ga$_3$P$_5$ 形成能分别为 -9.1 eV 和 -8.6 eV，证明它们是稳定的。

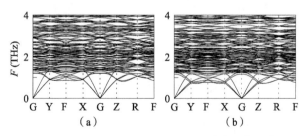

图 6-10　Ba$_3$Al$_3$P$_5$(a)和 Ba$_3$Ga$_3$P$_5$(b)的声子色散曲线

由于 $Ba_3Al_3P_5$ 和 $Ba_3Ga_3P_5$ 是同构同型的结构,这里只探讨 $Ba_3Ga_3P_5$ 的化学键特征。从 $Ba_3Ga_3P_5$ 的电子局域函数(ELF)表征电子配对和电子局域化情况。ELF 是基于平行自旋 Hartree-Fock 电子对的局域函数,广泛用于描述固体或者分子的成键情况[2]。ELF 值在 0~1 时,可以清楚地了解在真实空间中的局域成键情况;ELF=1 对应完全的共价键或孤对电子情况,而 ELF=0 是代表无电子密度或原子轨道之间的区域。ELF=0.5 表示均匀电子气,表现出金属结合特征。利用 ELF 可以定性地区分共价键、离子键和金属键。如图 6-11 所示,Ga—Ga 及 P—P 之间的 ELF 为 0,说明这些原子间无结合。ELF 均匀地分布在 Ba 周围,这意味着 Ba 将它所有的价电子转移给 $(Ga_3P_5)^{6-}$,用以保持电荷平衡。在 Ga 和 P 原子间的 ELF 的局部最大值靠近 P 原子位置,这表明 Ga 和 P 之间有较强的共价结合和较弱的离子结合。$Ba_3Ga_3P_5$ 化学键的情况与 COHP 研究的结果是一致的[15]。

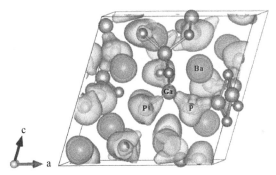

图 6-11　$Ba_3Ga_3P_5$ 的电子局域函数

(等值面设为 0.75)

6.2.2　晶格热导率

材料的热导率包括电子和晶格的贡献[16-18]。电子贡献部分用威德曼-弗兰兹(Wiedemann-Franz)定律描述,电导率与温度呈线性关系。晶格热导率来自晶格振动(声子)。高于德拜温度(Θ_D)时,晶格热导率主要由倒逆(Umklapp)散射贡献,即 $\kappa_l \propto 1/T$。这种依赖关系一直维持到材料达到最低晶格热导率(κ_{min})为止。$Ba_3M_3P_5$(M=Al,Ga)每个结晶学原胞中原子个数较多($N=66$),会导致 3 支声学模式和 65×3 支光学模式。利用在无序晶体中由 Cahill 定义的公式[18-19]来估计 κ_{min}。在高温下($T>\Theta_D$),κ_{min} 可以用式

(6-4)近似计算：

$$\kappa_{\min} = \frac{1}{2}\Big[\big(\frac{\pi}{6}\big)^{1/3}\Big]k_B\big[V^{-2/3}\big](2\upsilon_s + \upsilon_l)\, 。 \tag{6-4}$$

其中，V 是每个原子的平均体积，k_B 是玻尔兹曼常数，υ_s 和 υ_l 分别代表剪切声速和纵向声速。在一个材料中的平均声速用式(6-5)计算[20]：

$$\upsilon_m = \Big[\frac{1}{3}\big(\frac{2}{\upsilon_s^3} + \frac{1}{\upsilon_l^3}\big)\Big]^{-1/3}\, 。 \tag{6-5}$$

这里 υ_s 和 υ_l 可由式(6-6)至式(6-7)得到：

$$\upsilon_s = \sqrt{\frac{G}{\rho}}\, , \tag{6-6}$$

$$\upsilon_l = \sqrt{\frac{(B + \frac{4}{3}G)}{\rho}}\, 。 \tag{6-7}$$

其中，B、G 和 ρ 分别代表材料的体弹模量、剪切模量和密度。通过 Voigt-Reuss-Hill 近似[21]，基于材料的弹性常数矩阵可以估算出 B 和 G。材料的弹性常数可以通过应力-应变的方法得到。表 6-4 给出了 $Ba_3Al_3P_5$ 和 $Ba_3Ga_3P_5$ 弹性常数和最小晶格热导率。

$Ba_3Al_3P_5$ 和 $Ba_3Ga_3P_5$ 的 $\kappa_{\min}$ 分别为 $0.63\ \text{W}\cdot\text{m}^{-1}\text{K}^{-1}$ 和 $0.61\ \text{W}\cdot\text{m}^{-1}\text{K}^{-1}$。这些热导率能与 Zintl 化合物 $Ca_5Al_2Sb_6$($0.53\ \text{W}\cdot\text{m}^{-1}\text{K}^{-1}$)及 $Ca_5Ga_2Sb_6$($0.50\ \text{W}\cdot\text{m}^{-1}\text{K}^{-1}$)[22]相媲美。这么小的晶格热导率对提高材料的 ZT 值是很有帮助的。此外，计算的弹性常数矩阵本征值都为正，说明材料是弹性稳定的。

表 6-4　$Ba_3Al_3P_5$ 和 $Ba_3Ga_3P_5$ 的弹性常数和最小晶格热导率

晶体类型	C11	C12	C13	C33	C44	ρ	B	G	υ_s	υ_l	$\kappa_{\min}$
$Ba_3Al_3P_5$	81	26	29	71	26	3.53	44	28	2810	4800	0.63
$Ba_3Ga_3P_5$	87	28	30	80	29	4.17	48	32	3070	4660	0.61

注：C_{ij} 为弹性常数，GPa；B 为体弹模量，G 为剪切模量，GPa；υ_s 为剪切声速，υ_l 为纵向声速，m/s；$\kappa_{\min}$ 为最小晶格热导率，$\text{W}\cdot\text{m}^{-1}\text{k}^{-1}$

Ga 的原子半径大于 Al 的，导致 $Ba_3Ga_3P_5$ 有较大的密度，并且有较小的声速。随着原子量的增加，剪切声速 υ_s 和纵向声速 υ_l 将减少，这可能会导致最小晶格热导率 $\kappa_{\min}$ 降低。寻找低晶格热导率的热电材料时，复杂的结构是有效实现类玻璃热传输方式的一种有效方法。

6.2.3　热电输运性质

在已有的电子结构基础上,利用半经典玻尔兹曼理论计算出了 $Ba_3M_3P_5$ (M＝Al,Ga)的电子输运性质。对于金属或简并半导体,塞贝克系数由式 (1-5)[14]得出,电导率 σ 与载流子浓度 n 及迁移率 μ 的关系如式(1-8)所示,其中 m_{DOS}^* 为态密度有效质量,$\hbar$ 是普朗克常量。单带的有效质量 m_b^* 影响载流子的迁移率:

$$\mu \propto \frac{1}{m_b^{*\,5/2}} \, 。$$
(6-8)

态密度有效质量和单带有效质量的关系如下[22]:

$$m_{DOS}^* = N^{2/3} m_b^* \, 。$$
(6-9)

其中,N 为由轨道简并和布里渊区的对称性产生的简并。能带弥散度决定了能带有效质量。

由于塞贝克系数与温度和态密度有效质量成正比,与载流子浓度成反比;而电导率与载流子浓度成正比,与有能带有效质量成反比。然而好的热电材料需要大的塞贝克系数和高的电导率。因此,研究 $Ba_3M_3P_5$(M＝Al,Ga)的热电特性随载流子浓度的变化关系,可以得到最优载流子浓度。电子弛豫时间 τ 随温度的增加而减小,与温度成 $1/T$ 的依赖关系。对于掺杂,弛豫时间与载流子浓度存在一个标准的电-声形式:$\tau \propto n^{-1/3}$ [17]。将计算得到的 σ/τ 和相同温度及载流子浓度下的电导率比较,可得到电子弛豫时间 $\tau=2.3\times 10^{-5}T^{-1}n^{-1/3}$。图 6-12 是不同温度下,p 型和 n 型 $Ba_3M_3P_5$(M＝Al,Ga)的塞贝克系数 S、电导率 σ 及 ZT 随载流子浓度的变化。在一定温度下,半导体中的载流子常常是电子和空穴共存,此时的塞贝克系数可以表示为[18]:

$$S = \frac{S_e\sigma_e + S_h\sigma_h}{\sigma_e + \sigma_h} \, ,$$
(6-10)

$$S_h = \frac{k_B}{e}[\ln(\frac{N_v}{n_p}) + 2.5 - \gamma] \, ,$$
(6-11)

$$S_e = -\frac{k_B}{e}[\ln(\frac{N_c}{n_n}) + 2.5 - \gamma] \, 。$$
(6-12)

其中,γ 是散射因子,$S_e(S_h)$ 和 $\sigma_e(\sigma_h)$ 分别是电子(空穴)的塞贝克系数和电导率,$N_v(N_c)$是价带(导带)的态密度,n_p 和 n_n 是空穴和电子数。

图 6-12(a)和图 6-12(d)表明(见书末彩插),p 型 $Ba_3M_3P_5$(M＝Al,Ga)的塞贝克系数为正值,n 型 $Ba_3M_3P_5$(M＝Al,Ga)的塞贝克系数是负值,这与式(6-11)及式(6-12)相符合。此外,在相同的载流子浓度下,S 的绝对值随温度的升高而增大。n 型掺杂材料的 S 绝对值比 p 型掺杂的稍高,主要是由于材料在导带底有较高的能带简并度,如图 6-14 所示。

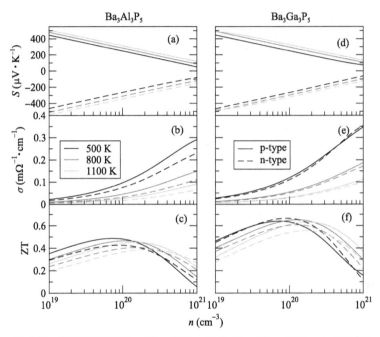

图 6-12　在不同温度下,p 型、n 型 $Ba_3Al_3P_5$ 及 p 型、n 型 $Ba_3Ga_3P_5$(右)
的输运性质随载流子浓度的变化

图 6-12(b)和图 6-12(e)给出 σ 随载流子浓度的增加而增加,随温度的升高而逐渐降低,表现 p 型和 n 型 $Ba_3Al_3P_5$ 有明显的半导体特征。p 型 $Ba_3M_3P_5$(M＝Al,Ga)的电导率比 n 型的大,这是由于 $Ba_3M_3P_5$(M＝Al,Ga)价带顶具有较大的弥散性。此外,$Ba_3Ga_3P_5$ 的价带顶有多个极值点(图 6-14),意味着有多条等效通道同时参加电子运输,有利于获得高的电导率。因此,在相同的载流子浓度下,p 型比 n 型 $Ba_3M_3P_5$(M＝Al,Ga)有更大的电导率。如图 6-12 所示,500 K 时,p 型 $Ba_3Al_3P_5$ 最大的 ZT 值是 0.49,对应载流子浓度为 $7.1×10^{19}$ cm^{-3};800 K 时,p 型 $Ba_3Ga_3P_5$ 在温度为的最大 ZT 值可达 0.65,对应载流子浓度为 $1.3×10^{20}$ cm^{-3}。在相同温度下,p 型 $Ba_3Ga_3P_5$

比 Ba$_3$Al$_3$P$_5$ 的 ZT 更高,这可能是由于 Ba$_3$Ga$_3$P$_5$ 在价带顶有多个能谷。通过对比 Ba$_3$Al$_3$P$_5$ 及 Ba$_3$Ga$_3$P$_5$ 的电导率(图 6-12),得出在带边位置的能谷增加可能会增大电导率,但对塞贝克效应影响不大。

有研究表明,各向异性有利于提高材料的热电性能,为此本章研究了 Ba$_3$Al$_3$P$_5$ 和 Ba$_3$Ga$_3$P$_5$ 在 800 K、载流子浓度 $10^{19} \sim 10^{21}$ cm^{-3} 时,输运性质各向异性随载流子浓度的变化,如图 6-13 所示。从图 6-13(a)和图 6-13(d)可以看出,Ba$_3$M$_3$P$_5$(M=Al,Ga)塞贝克系数的各向异性受载流子浓度的影响较小(见书末彩插)。在同一载流子浓度下,n 型 Ba$_3$M$_3$P$_5$(M=Al,Ga)的塞贝克系数的绝对值比 p 型材料的塞贝克系数大,这主要是因为导带底比价带顶有更大的能谷简并度。

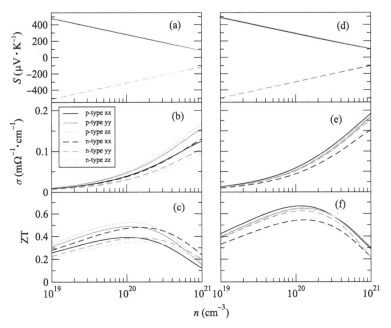

图 6-13　800 K 时,Ba$_3$Al$_3$P$_5$(左)及 Ba$_3$Ga$_3$P$_5$(右)输运性质的各向异性随载流子浓度的变化

图 6-13(b)和图 6-13(e)表示的是电导率的各向异性。p 型 Ba$_3$Al$_3$P$_5$ 的 σ 各向异性随载流子浓度的增加而增加,且沿 z 方向的电导率比沿 x 和 y 方向的高很多,主要是由于沿着 F—R(z 方向)方向上的能带具有较大弥散度。对于 n 型 Ba$_3$Al$_3$P$_5$,沿 x 方向的电导率比沿 y 和 z 方向高得多。与此相反,如图 6-13(e)所示,p 型 Ba$_3$Ga$_3$P$_5$ 的电导率的各向异性不明显,这主要是由于沿

能带的 3 个方向的价带弥散度相似。n 型 $Ba_3Ga_3P_5$ 的电导率沿 z 方向的比沿 x 和 y 方向的大。ZT 的各向异性如图 6-13(c) 和图 6-13(f) 所示。显然,对于 n 型 $Ba_3Al_3P_5$,沿 x 方向的 ZT 比沿 y 和 z 方向的 ZT 大,这主要由于沿 x 方向的 σ 较大的缘故。对于 p 型 $Ba_3Al_3P_5$,沿 z 方向的 ZT 比沿 x 和 y 方向的 ZT 大很多。对于 $Ba_3Ga_3P_5$,n 型掺杂的 ZT 各向异性比 p 型掺杂的大,这主要是由于 n 型掺杂的 σ 具有较大的各向异性。p 型 $Ba_3Ga_3P_5$ 的 ZT 具有较小的各向异性,主要由于它的各向同性的塞贝克系数和电导率。对于 p 型 $Ba_3Al_3P_5$,沿 z 方向的 ZT 最大,对应的载流子浓度为 1.02×10^{20} cm^{-3};对于 p 型 $Ba_3Ga_3P_5$,沿 z 方向的 ZT 最大,对应的载流子浓度为 1.2×10^{20} cm^{-3}。因此,可以预测 p 型 $Ba_3Ga_3P_5$ 沿 x 方向将会有好的热电性能。

6.2.4　电子结构

电子输运性质依赖于材料的电子结构。Hicks 和 Dresselhaus 定义了电子结构和热电优值 ZT 之间的关系[19]。在各向异性的三维单带情况下,当热流和电流在同一方向行进时,ZT 随固有参数 B 的增大而增大,这个固有参数 B 和最大优值 Z_{max} 定义为:

$$B = \frac{1}{3\pi^2} \left(\frac{2k_BT}{\hbar^2}\right)^{3/2} (m_x^* m_y^* m_z^*)^{1/2} \frac{k_BT\mu}{e\kappa_l} , \qquad (6\text{-}13)$$

$$Z_{max} \propto N_v \frac{T^{3/2}\tau_z \sqrt{\dfrac{m_x^* m_y^*}{m_z^*}}}{\kappa_l} e^{(\gamma+1/2)} 。 \qquad (6\text{-}14)$$

其中,N_v 是能带简并度;τ_z 是沿输运方向(z 方向)的载流子弛豫时间;m_i^*($i = x, y, z$)是在 i 方向载流子(电子和空穴)有效质量;μ 是沿输运方向的载流子迁移率。

式(6-13)及式(6-14)说明,大的 ZT 值需要大的载流子有效质量、高的载流子迁移率、低的晶格热导率及能带极值点高的简并度。由于电子输运性质与价带最大值(VBM)和导带最小值(CBM)附近的电子结构有密切的关系,所以本书只研究费米能级附近的电子态。图 6-14 为 $Ba_3Al_3P_5$ 和 $Ba_3Ga_3P_5$ 的能带结构。可以看出,这两种材料均为间接带隙半导体,$Ba_3Al_3P_5$ 和 $Ba_3Ga_3P_5$ 的带隙分别为 1.5 eV 和 1.25 eV。

$Ba_3Al_3P_5$ 的 VBM 在 F 点,CBM 在 Γ 点。$Ba_3Ga_3P_5$ 的 VBM 在 F～Γ,

CBM 在 Z～R。虽然大的载流子有效质量有利于提高塞贝克系数,但高载流子迁移率对应小的能带质量,即在带边存在轻带。m_{DOS}^* 可以近似表示为 $(m_xm_ym_z)^{1/3}N_v^{2/3}$,其中 m_x、m_y 及 m_z 为沿 3 个垂直方向的有效质量,N_V 为能带简并度。因此,大的能谷简并度有利于增大 m_{DOS}^*,且不影响载流子的迁移率大小。进一步研究发现,$Ba_3M_3P_5$ 导带底的简并度为 2,而价带顶简并度仅为 1,这导致 n 型 $Ba_3M_3P_5$ 具有较大的塞贝克系数。图 6-14(a)中 $Ba_3Al_3P_5$ 价带顶的弥散度大于导带底的弥散度,大的能带弥散度有利于提高其载流子迁移率。因此,p 型 $Ba_3Al_3P_5$ 具有比 n 型 $Ba_3Al_3P_5$ 更高的电导率。如图 6-14(b)所示,$Ba_3Ga_3P_5$ 的价带顶出现多个极值点,这将会使材料有较大载流子浓度。由于价带顶多个能谷的出现,有利于更多的本征载流子穿过带隙被激发。因此,在相同的温度下,$Ba_3Ga_3P_5$ 的多能带极值点和小的带隙都有助于提高电导率。

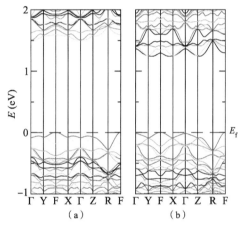

图 6-14　$Ba_3Al_3P_5$(a)及 $Ba_3Ga_3P_5$(b)的能带结构

(价带顶设置为 0 eV)

图 6-15 为 $Ba_3Al_3P_5$ 及 $Ba_3Ga_3P_5$ 的态密度(见书末彩插)。$Ba_3M_3P_5$(M＝Al,Ga)的价带顶主要是由 P 原子贡献的,说明 P 原子对增大费米面附近的态密度起到重要的作用,空穴输运性质受 P 原子影响较大。M 和 P DOS 显示出 M 与 P 有共价结合,这对电子输运是有益的。并且 Ba1 原子对 VBM 的 DOS 也是有贡献的。因此,如果需要调整空穴载流子的浓度并且不改变能带的形状,可以通过调整 M 位来提高 p 型 $Ba_3M_3P_5$(M＝Al,Ga)的塞贝克系数[20]。如果需要调整空穴载流子的浓度并改变能带的形状,一个有效的方法是替换 P 位来提高 $Ba_3M_3P_5$(M＝Al,Ga)的热电性能。在 $Ba_3Al_3P_5$ 中,导带

底主要由 Ba 原子贡献,而在 $Ba_3Ga_3P_5$ 中,导带底主要是由 Ga 贡献。

为了更深刻地了解带边附近的电子态,本章研究了 $Ba_3Al_3P_5$ 和 $Ba_3Ga_3P_5$ 费米能级附近的能带分解电荷密度。$Ba_3Al_3P_5$ 和 $Ba_3Ga_3P_5$ 的价带从 -0.09 eV 到费米面能量范围的电荷密度分别如图 6-16(a) 和图 6-16(b) 所示。因为 Ba 和 M 原子周围的电荷密度较小,所以这里只显示了在 P 原子周围的电荷密度分布。可以看出,价带顶主要由 P 原子的 p 轨道贡献的。对于 $Ba_3Al_3P_5$,P1 原子周围几乎没有电荷,而 $Ba_3Ga_3P_5$ 的 P1 原子周围有较大的电荷密度。与 $Ba_3Al_3P_5$ 相比,$Ba_3Ga_3P_5$ 的 P 原子更多的电子可以从价带跃迁到导带,从而被激发。这一结果表明,在相同温度下,p 型 $Ba_3Ga_3P_5$ 的载流子浓度比 p 型 $Ba_3Al_3P_5$ 的大。高的载流子浓度有利于增加 $Ba_3Ga_3P_5$ 的电导率[21-24]。

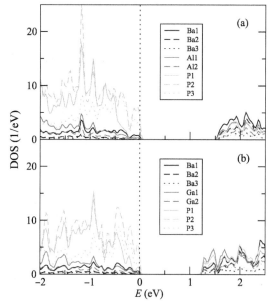

图 6-15　$Ba_3Al_3P_5$ (a) 及 $Ba_3Ga_3P_5$ (b) 的态密度

(价带顶设置为 0 eV)

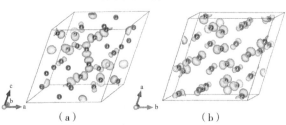

(a)　　　　　　　　　(b)

图 6-16　$Ba_3Al_3P_5$ (a) 及 $Ba_3Ga_3P_5$ (b) 的价带从 -0.09 eV 到费米面的能带分解电荷密度

(等值面设置为 0.0015,单位为 e/Å)

6.2.5　小结

本章采用第一性原理结合半经典的玻尔兹曼理论研究了 $Ba_3Al_3P_5$ 和 $Ba_3Ga_3P_5$ 的电子结构和输运性质。声子谱及形成能的研究结果证明,这两种材料是稳定的。计算得到的两种材料的最小晶格热导率比较低,能与 $Ca_5Al_2Sb_6$ 及 $Ca_5Ga_2Sb_6$ 相媲美。在最优的载流子浓度下,p 型 $Ba_3M_3P_5$($M=$ Al,Ga)的热电性质好于 n 型的,这主要是因为 p 型材料的电导率较大。 $Ba_3Al_3P_5$ 较小的价带有效质量导致 p 型 $Ba_3Al_3P_5$ 有较大的电导率[23]。另外,$Ba_3Ga_3P_5$ 价带顶多的极值点能增加材料的载流子浓度,从而增加材料的电导率。p 型 $Ba_3Al_3P_5$ 最大 ZT 为 0.49,对应的温度为 500 K、载流子浓度为 7.1×10^{19} cm^{-3};p 型 $Ba_3Ga_3P_5$ 的最大 ZT 为 0.65,对应的温度为 800 K、载流子浓度为 1.3×10^{20} cm^{-3}。能带结构和输运性质研究表明,p 型 $Ba_3Ga_3P_5$ 可能是比较好的热电材料。

参考文献

[1] EISENMANN B, SOMER M Potassium phosphidosilicate(K2SIP2), a phosphidopol-ysilicate(IV)[J]. Cheminform abstract:1984,15(41):17—20.

[2] BECKE A D, EDGECOMBE K E. A simple measure of electron localization in atomic and molecular systems[J]. Journal of chemical physics, 1990(92):5397.

[3] XI J, LONG M, TANG L, et al. First-principles prediction of charge mobility in car-bon and organic nanomaterials[J]. Nanoscale, 2012(4):4348.

[4] WANG L W, WEI S H, MATTILA T, et al. Multiband coupling and electronic structure of(InAs)ₙ/(GaSb)ₙ superlattices[J]. Physical review B: condensed mat-ter, 1999(60):035111.

[5] ZEVALKINK A, POMREHN G S, JOHNSON S, et al. Influence of the triel ele-ments(M= Al, Ga, In) on the transport properties of Ca₅M₂Sb₆ Zintl Compounds [J]. Chemistry of materials, 2012(24): 2091.

[6] ZEVALKINK A, POMREHN G, TAKAGIWA Y, et al. Thermoelectric properties and electronic structure of the zintl-phase Sr₃AlSb₃[J]. Chem. Sus. Chem, 2013(6): 2316.

[7] ZEIER W G, ZEVALKINK A, SCHECHTEL E, et al. Thermoelectric properties of Zn-doped Ca_3AlSb_3[J]. Journal of materials chemistry, 2012(22): 9826.

[8] CUTLER M, LEAVY J F, FITZPATRICK R L. Electronic transport in semimetallic cerium sulfide[J]. Physical review, 1964(133 A): 1143.

[9] SAPAROV B, BOBEV S. Isolated $[ZnPn_2]^{4-}$ Chains in the Zintl Phases Ba_2ZnPn_2 (Pn=As, Sb, Bi): synthesis, structure, and bonding[J]. Inorganic chemistry, 2010 (49): 5173.

[10] ZEVALKINK A, TOBERER E S, ZEIER W G, et al. Ca_3AlSb_3: an inexpensive, non-toxic thermoelectric material for waste heat recovery[J]. Energy Environ. Sci. , 2011,4(2): 510－518.

[11] ZEVALKINK A, ZEIER W G, POMREHN G, et al. Thermoelectric Properties of Sr_3GaSb_3:a chain-forming Zintl compound[J]. Energy Environ. Sci. , 2012,5 (10): 9121－9128.

[12] FENG S Q, LI Y Y, XU W Y. Electronic structure and thermoelectric performance of zintl compound Sr_3GaSb_3: a first-principles study[J]. Appl. Phys. Lett. ,2014, 104(1): 012104.

[13] YAN Y L, WANG Y X. Crystal structure, electronic structure, and thermoelectric properties of $Ca_5Al_2Sb_6$[J]. J. Mater. Chem. , 2011,21(33): 12497－12520.

[14] LI Y Y, WANG Y X, ZHANG G B. Electronic structure and thermoelectric performance of zintl compound $Ca_5Ga_2As_6$[J]. J. Mater. Chem. , 2012,22(38): 20284－20290.

[15] HE H, TYSON C, SAITO M, et al. Synthesis, Crystal and electronic structures of the new Zintl phases $Ba_3Al_3Pn_5$ (Pn = P, As) and $Ba_3Ga_3P_5$ [J]. Inorg. Chem. , 2013,52(1): 499－505.

[16] BERMAN R, KLEMENS P G. Thermal conduction in solids[J]. Physics today, 1978,31(4):56.

[17] TRITT T M. Thermal conductivity: theory, properties, and applications [M]. Springer:Science& Business Media, 2005.

[18] CAHILL D G, POHL R O. Lattice vibrations and heat transport in crystals and glasses[J]. Annu. Rev. Phys. Chem. , 1988,39(1): 93－121.

[19] CAHILL D G. , WATSON S K, POHL O. Lower limit to the thermal conductivity of disordered crystals[J]. Phys. Rev. B, 1992,46(10): 6131－6140.

[20] ANDERSON O L. A simplified method for calculating the debye temperature from elastic constants[J]. J. Phys. Chem. Solids, 1963, 24(7): 909－917.

[21] HILL R. The elastic behaviour of a crystalline aggregate[J]. Proc. Phys. Soc. A, 1952,65(5): 349－354.

［22］PEI Y，SHI X，LALONDE A，et al. Convergence of electronic bands for high per-
formance bulk thermoelectrics[J]. Nature，2011，473(7345)：66－69.

［23］ONG KHUONG P，DAVID J S，WU P. Analysis of the Thermoelectric Properties
of n-type ZnO[J]. Phys. Rev. B，2011，83(11)：24－29.

［24］CHEN M C. A quick thermoelectric technique for typing hgcdte at liquid nitrogen
temperature[J]. J. Appl. Phys.，1992，71(7)：3636.

［25］HICKS L D，DRESSELHAUS M S. Effect of quantum-well structures on the ther-
moelectric figure of merit[J]. Phys. Rev. B，1993，47(19)：12727－12731.

第7章　几种各向同性的弹性散射下电子结构和热电转换效率的关系

众所周知,降低材料的晶格热导率是提高热电转换效率的一种有效方法,不少小组提出通过在笼状化合物中填充原子增加声子散射、降低材料维度,或通过在块材料中加入绝缘纳米颗粒等来降低材料的晶格热导率。[1-5]有研究表明,半导体材料的晶格热导率不能低于 $0.2~W/(m \cdot K)$[6],因此,提高功率因子是提高热电转换效率最可行的一条途径。由于塞贝克系数、电导率和电子热导率这 3 个参数之间的相互作用使得提高材料热电转换效率较难实现。根据 Chasmar-Stratton 理论,材料的电子热电特性主要和 $\mu (m^*)^{3/2}$ 有关系[7-9]。有很多小组致力于从理论上优化电子结构,提高材料的功率因子进而提高材料的热电转换效率[10-13],但这些理论研究大都基于声学声子散色,很少考虑其他散射机制。实际上,有很多实验研究发现,不同热电材料中载流子的散射机制是不同的,即使是同一种热电材料,它们的散射机制也会随温度、载流子浓度、材料中微粒尺寸等的不同而不同。例如,张文清等通过实验和理论研究表明,在纯净的 $Ce_yCo_4Sb_{12}$[14]中,载流子主要是声学声子散射,随着 Cr 掺杂量的增加,材料中的载流子散射逐渐转化为电离杂质散射;Pan 等的实验表明,在 $AgPb_mSnSe_{2+m}$ ($m=\infty$,100,50,25)样品制备的过程中,随着温度从 160 K 升高到 400 K,样品中载流子的散射机制从 PbSe 中的声学声子散射到 $AgPb_mSnSe_{2+m}$ 中的电离杂质散射[15];Tomes 等[16]的研究表明,高温时材料中的载流子主要是合金散射,低温时材料中的载流子主要是中性杂质散射;还有研究表明,在 PbS 中随着 AgS 纳米颗粒的掺入,散射因子从 1.2 变化到 -2.5,载流子散射经历了非常复杂的过程[17]。因此,除了声学声子散射,其他散射过程也是应该被考虑的。

由于种种原因,热电材料要想得到广泛应用,需要在块状热电材料中取得高的 ZT 值。[18]在块状热电材料中,主要的弹性散射机制是声学声子散射(包括畸变势散射和压电散射)[11-12]、中性杂质散射和电离杂质散射[14,19]。正如前面所述的那样,以前的研究主要集中在声学声子散射,而其他的散射机制很少被关注。本章以Ⅲ-Ⅴ族半导体在各种弹性散射机制下的迁移率为例,研究热电材料最优的电子结构。[20]

7.1　Chasmar-Stratton 理论

考虑到约化费米能,ZT 值可以表示为:

$$ZT = \frac{[\eta - (\delta + 5/2)]^2}{[\beta \exp(\eta)]^{-1} + (\delta + \dfrac{5}{2})} \, 。 \tag{7-1}$$

其中,η 是约化费米能;δ 是散射参数,它的大小和样品中的散射机制有关系,如对声学模式的晶格散射 $\delta = \dfrac{1}{2}$;β 是材料参数,它是由 Chasmar 和 Stratton[22] 引入的,材料参数可表述为:

$$\beta = \frac{2e(2\pi m^* k_B T)^{\frac{3}{2}} \left(\dfrac{k_B}{e}\right)^2 T\mu}{\kappa_{ph}} \, 。 \tag{7-2}$$

其中,κ_B 是玻尔兹曼常数,e 是电子电荷。式(7-1)表明,ZT 值随材料参数的增大而增大。根据 Loffe[23]、Goldsmid[21] 和 Mahan[24] 的理论,半导体材料参数 β 可约化为:

$$\beta \propto \frac{e <\tau>}{m_I} \, 。 \tag{7-3}$$

这里的 $<\tau>$ 表示电子的平均弛豫时间。从式(7-3)可以看出,迁移率是影响热电材料参数的一个非常重要的因素。众所周知,弛豫时间随散射机制的变化而变化,因此迁移率不但和电子结构有关系,还和散射机制密切相关。本章以Ⅲ-Ⅴ族半导体为例讨论在上面提到的几种散射机制下,能带结构和材料参数 β 之间的关系,从而为寻找最优电子结构提供理论依据。

7.2　在几种散射机制下材料参数 β 和电子结构的关系

(1)畸变势散射

根据文献[25]和文献[26],在畸变势散射下,载流子迁移率的表达式是:

$$\mu_{dp} \propto \frac{1}{m_I m_b^{\frac{3}{2}}} \text{。} \tag{7-4}$$

此时材料参数的表达式是：

$$\beta_{dp} \propto \frac{N_v}{m_I} \text{。} \tag{7-5}$$

式(7-5)表明，在畸变势散射下，材料参数 β 与 N_v/m_I 成正比，Gild-smid[21]小组在 1964 年就已经提出了这个关系。

(2)压电散射

在不具有对称中心的极性半导体中，声学波会引起压电极化，继而产生散射。这种散射一般发生在低温下，此时其他散射机制作用较弱。有研究表明，压电散射和极化光学声子散射下，迁移率的表达形式一致，都可以表示为[20,27]：

$$\mu_{pe} = \frac{1}{m_b^{\frac{1}{2}} m_I} \text{。} \tag{7-6}$$

此时材料参数的表达式是：

$$\beta_{pe} \propto \frac{N_v m_b}{m_I} \text{。} \tag{7-7}$$

(3)中性杂质散射

低温下杂质没有充分电离，没有电离的杂质呈中性，这种中性杂质对周期性势场有一定微扰作用，从而对载流子产生散射。此时的载流子迁移率为[28]：

$$\mu_{ni} \propto \frac{m_b^2}{m_I} \text{。} \tag{7-8}$$

材料参数的表达式是：

$$\beta_{ni} \propto \frac{N_v m_b^{\frac{7}{2}}}{m_I} \text{。} \tag{7-9}$$

(4)电离杂质散射

电离杂质散射是载流子和电离杂质原子间的相互作用，此时的迁移率[27]的表达式为：

$$\mu_{ii} \propto \frac{m_b^{\frac{1}{2}}}{m_I[\ln(1+y) - y/(1+y)]} \text{。} \tag{7-10}$$

其中，$y = 24 m_b (kT)^2 / (\hbar^2 e^2 n)$。此时材料参数的表达式是：

$$\beta_{ii} \propto \frac{N_v m_b^2}{m_I [\ln(1+y) - y/(1+y)]} \text{。}$$

(7-11)

从材料参数在这 4 种散射机制下的表达形式可以看出,材料热电特性与能带有效质量、费米能及附近能带的简并度有直接关系,下面重点讨论材料参数 β 和电子结构的关系。

在早期的理论研究中,人们总是假定费米面是球形的[29],此时的能带是单抛物带形状,能带有效质量是各向同性的,即 $m_x = m_y = m_z$,许多Ⅲ-Ⅴ族半导体的导带都具有这种特征。许多其他的半导体极值点在布里渊区中心,费米面的形状非常复杂。即使是同一个能谷,能带有效质量沿各个方向也可能各不相同。有研究表明,对于椭圆形的费米面,虽然能带有效质量沿 3 个方向不同($m_{//} = m_x$, $m_{\perp} = m_y = m_z$),但对于中性杂质和声学模式的散射,不同方向的弛豫时间是相同[30-31]。然而对于许多半导体,在费米能级附近的能带极值是简并的,一般情况载流子散射是各向异性的,由于各向异性散射的复杂性,本书只讨论在球形和椭圆形费米面下,各向同性的散射。

7.3　简单模型

这种模型是具有球形费米面的单带模型,在这种模型下, $N_v = 1$, $m_x = m_y = m_z$, $m_b = (m_x m_y m_z)^{1/3} = m_x = m_y = m_z$, $1/m_I = 1/m_x = 1/m_y = 1/m_z$ 。在不同的散射机制下,材料参数 β 的表达形式如下:

(1)畸变势散射

$$\beta_{dp} \propto \frac{N_v}{m_I} = \frac{1}{m_x} \text{。}$$

(7-12)

从式(7-12)可以看出,有效质量与热电转换效率成反比。

(2)压电散射

$$\beta_{pe} \propto \frac{N_v m_b}{m_I} = 1 \text{。}$$

(7-13)

式(7-13)表明,能带有效质量和热电转换效率没有关系。

(3)中性杂质散射

$$\beta_{ni} \propto \frac{N_v m_b^{\frac{1}{2}}}{m_I} = m_x^{\frac{5}{2}} \text{。}$$

(7-14)

从式(7-14)可以看出,能带有效质量越大,热电转换效率越高,这与"费米能级附近高的能态密度在非常小的能量范围出现有利于热电特性的提高"是一致的。[32]

(4)电离杂质散射

$$\beta_{ii} \propto \frac{N_v m_b^2}{m_{I[\ln(1+y)-\frac{y}{(1+y)}]}} = \frac{m_x}{\ln(1+y) - \frac{y}{(1+y)}} \text{。} \qquad (7\text{-}15)$$

式(7-15)表明,材料参数 β_{ii} 和参数 y 的表达形式有关[33],具体关系是当 $y \ll 1$ 时:

$$\beta_{ii} \propto \frac{1}{m_x} \text{。} \qquad (7\text{-}16)$$

即小的能带有效质量有利于热电转换效率的提高;当 $y \gg 1$ 时:

$$\beta_{ii} \propto \frac{m_x}{\ln m_x} \text{。} \qquad (7\text{-}17)$$

式(7-17)表明,热电转换效率和能带有效质量的取值范围密切相关,当 $0 < m_x < 1$ 和 $m_x > 2.7$ 时,β 随 m_x 的增大而减小;当 $1 < m_x < 2.7$ 时,β 随 m_x 的增加而减小。可见,即使在相同的散射机制下,有效质量和热电特性的关系也是不同的。当 $y \gg 1$ 时,在电离杂质散射情况下,m_x 与 β 的关系如图 7-1 所示。

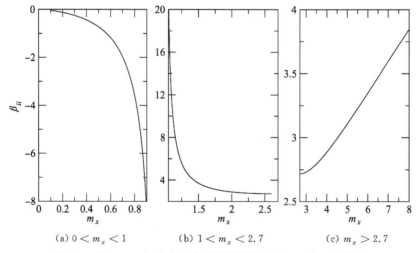

(a) $0 < m_x < 1$ (b) $1 < m_x < 2.7$ (c) $m_x > 2.7$

图 7-1 当 $y \gg 1$ 时,在电离杂质散射的情况下,m_x 和 β 的关系

7.4 简单多谷模型

如前所述,对于简单多谷模型(椭圆形费米面),载流子在中性杂质和声学模式散射下,不同方向的弛豫时间的描述形式是相同的。假定沿 x 轴方向的能带有效质量 m_x 是最小的,则其他两个方向的有效质量和 x 轴方向有效质量的关系是 $m_x = m_y/\gamma = m_z/\gamma$,这里的 $\gamma > 1$,代表各向异性参数。在这种能带结构下, $m_b = m_x \gamma^{2/3}$, $m_I = \dfrac{1}{3m_x}(1 + 2/\gamma)$ 。 不论电流沿哪个方向,材料参数的表达形式分别表述如下:

(1)畸变势散射

$$\beta_{dp} \propto \frac{N_v}{m_I} = \frac{1}{3}\frac{N_v}{m_x}(1 + \frac{2}{\gamma}) 。 \tag{7-18}$$

式(7-18)表明,小的能带有效质量和散射因子及大的能带简并度有利于热电特性的提高,如图 7-2 所示。

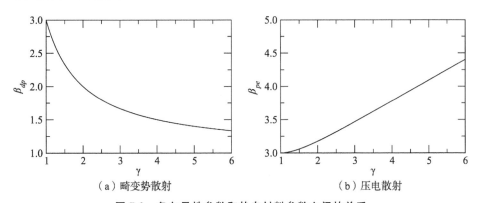

(a)畸变势散射　　　　　　　　　　(b)压电散射

图 7-2 各向异性参数和热电材料参数之间的关系

(2)压电散射

$$\beta_{pe} \propto \frac{N_v m_b}{m_I} = \frac{N_v}{3}\left[\gamma^{\frac{2}{3}} + \frac{2}{\gamma^{\frac{1}{3}}}\right] 。 \tag{7-19}$$

(3)中性杂质散射

$$\beta_{ni} \propto \frac{N_v m_b^{\frac{2}{3}}}{m_I} \propto N_v m_x^{\frac{5}{2}}(\gamma^{\frac{7}{3}} + 2\gamma^{\frac{4}{3}}) 。 \tag{7-20}$$

从式(7-20)可以看出,各向异性因子越大热电性能越好,材料参数 β 随能带简并度和能带有效质量的增加而增加。式(7-18)、式(7-19)、式(7-20)给出同一个结论,即能带简并度越大热电特性越好,这给科研工作者提供了一条提高材料热电特性的途径(在不影响载流子迁移率和电导率的情况下,通过能带在费米能级附近简并度的提高达到增加塞贝克系数的目的)。这种提高热电特性的方法在 Yang 等的研究工作中已有详细描述[34]。

通过上面的讨论可知,不论是简单单谷还是多谷,在畸变势散射、$y \ll 1$ 的电离杂质散射、$y \gg 1$ 且 $1 < m_x < 2.7$ 的电离杂质散射下,小的能带有效质量有利于热电特性的提高;当中性杂质散射占主导地位时,$y \gg 1$ 且 $1 < m_x < 1$ 和 $m_x > 2.7$ 时,有效质量越大热电特性越好。有意思的是,当压电散射占主导地位时,能带有效质量不影响热电转换效率。虽然关于能带有效质量和热电转换效率的关系的研究不少[10,35-39],但没有一项与 III-V 族半导体材料有关,本章关于 III-V 族半导体的研究结果是适用的,证明了我们的研究结果具有普适性。例如,Pei 等研究了 I 和 La 掺杂 PbTe 样品在畸变势散射下能带有效质量和热电特性的关系,得出小的能带有效质量有利于材料热电特性的提高[40];Li 等的研究结果表明,价带顶的能带汇聚增加了塞贝克系数,从而导致 p 型 InN 的热电特性优于 n 型 InN。[41]值得注意的是,在简单多谷模型下,畸变势散射的热电转换效率随各向异性因子的增加而减小,然而在压电散射下,热电转换效率随各向异性因子的增大而增大。因此,人们通常说的各向异性大有利于热电特性的提高、能带有效质量小有利于热电特性的提高、掺杂导致费米能级附近态密度非常局域有利于热电特性的提高等这些结论[42-50],都只适用于某一种或几种散射机制,不是通用的。

7.5　结论和展望

在几种各向同性的弹性散射机制下,本章讨论了热电转换效率和电子结构的关系,主要结论如下。

(1)热电特性和能带有效质量的关系

①当载流子主要是畸变势散射和电离杂质散射($y \ll 1$ 或 $y \gg 1$ 且 $1 < m_x < 2.7$)时,小的有效质量有利于热电特性的提高,这一结论对简单单谷和多谷适用;

②当载流子是中性杂质或电离杂质散射（$y \gg 1$ 且 $0 < m_x < 1$ 或 $y \gg 1$ 且 $m_x > 2.7$）时，热电转换效率随能带有效质量的增大而增大；

③当压电散射占主导地位时，能带有效质量对热电转换效率没有影响。

（2）能带各向异性和热电特性的关系

在畸变势散射下，能带有效质量的各向异性不利于热电特性的提高；在压电和中性杂质散射下，能带有效质量的各向异性有利于热电特性的提高。

（3）费米能级附近的能带简并度对热电特性的影响

研究表明在上面谈到的几种散射机制下，不论是哪一种散射机制，费米能级附近的能带简并度越大热电特性越好。

参考文献

［1］LIAO B L,et al. Significant reduction of lattice thermal conductivity by the electron-phonon interaction in silicon with high carrier concentrations：a first-principles study［J］. Phys. Rev. Lett. ,2015(114)：115901(1)－115901(6).

［2］UPADHYAYA M, AKSAMIJA Z. Nondiffusive lattice thermal transport in Si-Ge alloy nanowires［J］. Phys. Rev. B,2016(94)：174303.

［3］PENG K L, et al. Optimization of Ag nanoparticles on thermoelectric performance of Ba-filled skutterudite［J］. Sci. Adv. Mater. 9，682－687(2017).

［4］MATSUBARA M, ASAHI R. Optimization of filler elements in $CoSb_3$－based skutterudites for high-performance n-type thermoelectric materials［J］. J. Electron. Mater. , 2016(45)：1669－1678.

［5］XIONG S Y, KOSEVICH Y A, SÄÄSKILAHTI K, et al. Tunable thermal conductivity in silicon twinning super lattice nano：wires［J］. Phys. Rev. B, 2014(90)：195439(1)－195439(7).

［6］SPITZER D P. Lattice thermal conductivity of semiconductors：a chemical bond approach［J］. J. Phys. Chem. Solids，1970(31)：19－40.

［7］GOLDSMID H J. Introduction to thermoelectricity［M］. New York：Spring，2009.

［8］CHASMAR R P, STRATTON R. The thermoelectric figure of merit and its relation to thermoelectric generators［J］. J. Electron. Control，1959(7)：52－72.

［9］BULUSU A, WALKER D G. Review of electronic transport models for thermoelectric materials［J］. Superlattice Microst. , 2008(44)：1－36.

［10］PE Y Z, LALONDE A D, WANG H，et al. Low effective mass leading to high thermoelectric performance[J]. Energ. Environ. Sci. , 2012(5):7963—7969.

[11] PEI Y Z, SHI X Y, LALONDE A, et al. Convergence of electronic bands for high performance bulk thermoelectrics[J]. Nature, 2011(473): 66—69.

[12] ANANYA B, SHENOY S, ANAND U, et al. Mg alloying in SnTe facilitates valence band convergence and optimizes thermoelectric properties[J]. Chem. Mater. , 2015(27):581—587.

[13] BILC D I, HAUTIER G, WAROQUIERS D, et al. Low-dimensional transport and large thermoelectric power factors in bulk semiconductors by band engineering of highly directional electronic states[J]. Phys. Rev. Lett. , 2015(114):136601(1)-136601(5).

[14] WANG S Y, YANG I, PING W, et al. On intensifying carrier impurity scattering to enhance thermoelectric performance in Cr-doped cey $Co_4 Sb_{12}$ [J]. Adv. Funct. Mater. , 2015(25):6660—6670.

[15] PAN L, MITRA S, ZHAO L D, et al. The role of ionized impurity scattering on the thermoelectric performances of rock salt $AgPb_m SnSe_{2+m}$ [J]. Adv. Funct. Mater. , 2016(265):149—5157.

[16] TOMES P, YAN R, KASTNER R, et al. Thermoelectric properties of meltspun $Ba_8 Cu_5$ (Si, Ge, Sn)$_{41}$ clathrates[J]. J. Alloys Compd. , 2016(564):300—307.

[17] ZHANG Y, WANG S Y, LIU LN, et al. Thermoelectric transport properties of p-type silver-doped PbS with in situ $Ag_2 S$ nanoprecipitates[J]. J. Phys. D: Appl. Phys. , 2014(47):115303(1)—115303(10).

[18] HEREMANS J P, JOVOVIC V, TOBERER E S, et al. Enhancement of thermoelectric efficiency in PbTe by distortion of the electronic density of states[J]. Sci. , 2008 (32):1554—557.

[19] HAZAN E, MADAR N, PARAG M, et al. Effective electronic mechanisms for optimizing the thermoelectric properties of GeTe-rich alloys[J]. Adv. Electron. Mater, 2015(1):1500228(1)—1500228(7).

[20] EMAD A. ahmed, computer software for calculating electron mobility of semiconductors compounds:case study for $N-Gan$[J]. International scholarly and scientific research and innovation, 2014(8):555—559.

[21] GOLDSMID H J. Thermoelectric refrigeration[M]. New York:Plenum Press, 1964.

[22] CHASMAR R P, STRATTON R. The thermoelectric figure of merit & its relation to thermoelectric generators[J]. J. Electron. Control. , 1959(7):52—71.

[23] IOFFE A F. Semiconductor thermoelecments and thermoelectric cooling[M]. London: I nfosearch Ltd. , 1957.

[24] MAHAN G. Figure of merit for thermoelectrics[J]. J. Appl. Phys. , 1989(65): 1578—1683.

[25] NAG B R. Electron transport in compound semiconductor [M]. New York: Spring, 1980.

[26] ANDERSON D A, APSLEY N. The hall effect in III-V semiconductor assessment [J]. Semicond. Sci. Technol. , 1986(1):187—202.

[27] MALLICK S, KUNDU J, SARKAR C K. Calculation of ionized impurity scattering probability with scattering angles in GaN[J]. Can. J. Phys. , 2008(86):1023—1026.

[28] KARTHIK P, SATHYAKAM U P, MALLICK P S. Effect of dislocation scattering on electron mobility in GaN[J]. Nature of Science, 2011(3): 812—815.

[29] HERRING C, VOGT E. Transport and deformation-potential theory for many-valley semiconductors with anisotropic scattering[J]. Phys. Rev. , 1956(101):944—961.

[30] SHIBUYA M. Magnetoresistance effect in cubic semiconductors with spheroidal energy surfaces[J]. Phys. Rev. , 1954(95):1385—1393.

[31] HERRING C, BELL T J. Transport properties of a many-valley semiconductor[J]. Bell labs technical journal, 1955(34): 237—290.

[32] MAHAN G D, SOFO J O. The best thermoelectric[J]. Proc. Natl. Acad. sci. USA, 1996(93):7436—7439.

[33] IKEDA K, YAGO T, MATOBA M. Scattering anisotropy effect on layered thermoelectric materials[J]. J. Appl. Phys. , 2007(46):4184—4188.

[34] YANG J, et al. On the tuning of electrical and thermal transport in thermoelectrics: an integrated theory-experiment perspective[J]. Npj computational materials, 2016 (2):15015(1)—15015(17).

[35] FANG T, ZHENG S, ZHOU Q, et al. Computational prediction of high thermoelectric performance in p-type half heusler compounds with low band effective mass[J]. Phys. Chem. Chem. Phys. , 2017(19):4411—4417.

[36] ZHAO L L, et al. Improvement of thermoelectric properties and their correlations with electron effective mass in $Cu_{1.98}S_xSe_{1-x}$[J]. Sci. Rep. , 2017(7):40436(1)—40436(11).

[37] ZEIER W G, DAY T, SCHECHTEL E, et al. Influence of the chemical potential on the carrier effective mass in the thermoelectric solid solution $Cu_2Zn_{1-x}Fe_xGeSe_4$[J]. Funct. Mater. Lett. ,2013(6): 1340010(1)—1340010(4).

[38] LEE H, et al. Effect of Si content on the thermoelectric transport properties of Ge-doped higher manganese silicides [J]. Scripta materialia, 2017(135):72—75.

[39] ZHANG Q, et al. Low effective mass and carrier concentration optimization for high performance p-type $Mg_2(1-x)Li_{2x}Si_{0.3}S_{0.7}$ solid solutions [J]. Phys. Chem. Chem.

Phys. , 2014(16):23576—23583.

[40] NOROUZZADEH P, SHAKOURI A, VASHAEE D. Valley tronics of III-V solid solutions for thermoelectric application [J]. RSC. Adv. , 2017(7):7310—7314.

[41] LI H, LI Z, LIU R P, et al. Convergence of valence bands for high thermoelectric performance for p-type InN[J]. Physical B:condensed matter, 2015(479):1—5.

[42] NOROUZZADEH P, VASHAEE D. the effect of multivalley bandstructure on thermoelectric properties of $Al_x Ga_{1-x} As$[J]. J. Electron. Mater. , 2015(44):636—644.

[43] HICKS L D, DRESSELHAUS M S. Effect of quantum-well structures on the thermoelectric figure of merit[J]. Phys. Rev. B, 1993(4):712727(1)—12727(6).

[44] KUROKI K, ARITA R. Pudding mold band drives large thermopower in NaxCoO$_2$ [J]. J. Phys. Soc. , 2007(7):6083707(1)—083707(4).

[45] ARITA R, et al. Origin of large thermopower in LiRh$_2$O$_4$: calculation of the seebeck coefficient by the combination of local density approximation and dynamical mean-field theory[J]. Phys. Rev. B, 2008(78):115121(1)—115121(5).

[46] CHEN X, PARKER D, SINGH D J. Importance of non-parabolic band effects in the thermoelectric properties of semiconductors[J]. Sci Rep. , 2013(3):3168(1)—3168(6).

[47] MECHOLSKY N A, RESCA L, PEGG I L, et al. Theory of band warping and its effects on thermoelectronic transport properties[J]. Phys. Rev. B, 2014(89):155131(1)—155131(20).

[48] PARKER D, CHEN X, SINGH D J. High three-dimensional thermoelectric performance from low-dimensional bands[J]. Phys. Rev. Lett. , 2013(110):146601(1)—146601(5).

[49] SUN J,SINGH D J. Thermoelectric properties of Amg$_2$X$_2$, AZn$_2$Sb$_2$ (A=Ca, Sr, Ba; X=Sb, Bi), and Ba$_2$ZnX$_2$ (X=Sb, Bi) Zintl compounds[J]. J. Mater. Chem. A, 2017(5):8499—8509.

[50] YANG J M, YANG G, ZHANG G B,et al. Low effective mass leading to an improved ZT value by 32% for n-type BiCuSeO: a first-principles study[J]. J. Mater. Chem. , 2014(A2):13923—13931.

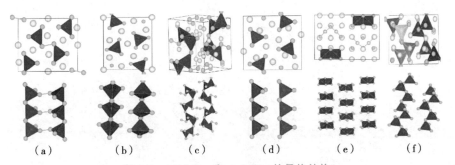

图 1-8　$A_5M_2Pn_6$ 和 A_3MPn_3 的晶格结构

其中,(a)$Ca_5Al_2Sb_6$ 是 Pbam 空间群,相邻两个四面体通过角共享形成一维链状结构,相邻两个链通过 Pn—Pn 共价键形成梯子形的结构;(b)$Ca_5Sn_2As_6$ 是 Pbam 空间群,相邻两个四面体通过角共享形成一维链状结构,相邻两个链的排列方式不同;(c)$Sr_5Al_2Sb_6$ 是 Pnma 空间群,两个四面体以角共享和边共享交替出现,且每个 $Sr_5Al_2Sb_6$ 单元都有一个 Sb 悬挂键,从而形成扭曲的一维螺旋结构;(d)Ca_3AlSb_3 是 Pnma 空间群,相邻两个四面体通过角共享形成一维链状结构;(e)Sr_3AlSb_3 是 Cmca 空间群,相邻两个四面体通过边共享形成独立的四面体对,相邻两个四面体对相对转动 90°;(f)Ca_3GaSb_3 是 P21/n 空间群,相邻两个四面体两个顶角共享和两个底角共享,这两种共享方式交替出现的形式形成螺旋的一维链状结构。图中黄色小球代表 A 位原子,绿色小球代表 Pn 原子,四面体内包裹的是 M 原子。

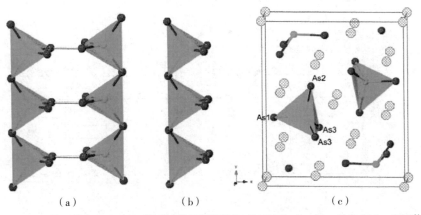

(a)$Ca_5Ga_2As_6$ 沿 z 轴的 $GaAs_4$ 四面体形成梯子形的结构;(b)$Ca_5Sn_2As_6$ 沿 z 轴的 $SnAs_4$ 四面体形成一维结构;(c)$Ca_5Sn_2As_6$ 沿 z 轴观察的晶格结构,其中灰球、红球和绿球分别代表 Ca、As 和 Sn 原子。

图 3-1　$Ca_5Ga_2As_6$、$Ca_5Sn_2As_6$ 的晶格结构

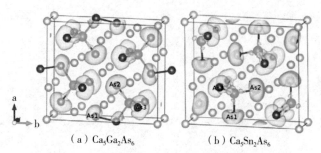

（a）Ca₅Ga₂As₆ （b）Ca₅Sn₂As₆

图 3-2 Ca₅Ga₂As₆ 和 Ca₅Sn₂As₆ 的电子局域函数

注：等值面分别是 0.77 和 0.79。其中，灰色的球代表 Ca 原子，绿色的球代表 Ga（Sn）原子，红色的球代表 As 原子。

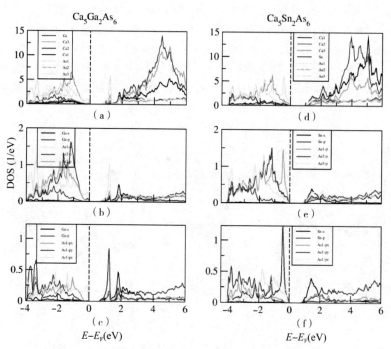

图 3-4 Ca₅Ga₂As₆ 和 Ca₅Sn₂As₆ 总的和部分的态密度

（价带顶设置为 0 eV）

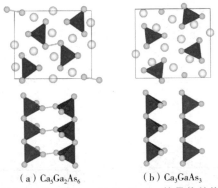

（a）Ca$_5$Ga$_2$As$_6$ （b）Ca$_3$GaAs$_3$

图 3-9 Ca$_5$Ga$_2$As$_6$ 和 Ca$_3$GaAs$_3$ 的晶格结构

其中，（a）Ca$_5$Ga$_2$As$_6$ 的相邻两个四面体通过角共享形成一维链状结构，相邻两个链通过 As—As 共价键形成梯子形结构；（b）Ca$_3$GaAs$_3$ 的相邻两个四面体通过角共享形成一维链状结构。绿色小球代表 As 原子，四面体内包裹的是 Ga 原子。

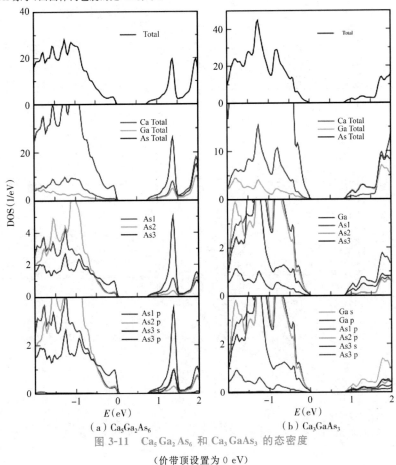

（a）Ca$_5$Ga$_2$As$_6$ （b）Ca$_3$GaAs$_3$

图 3-11 Ca$_5$Ga$_2$As$_6$ 和 Ca$_3$GaAs$_3$ 的态密度

（价带顶设置为 0 eV）

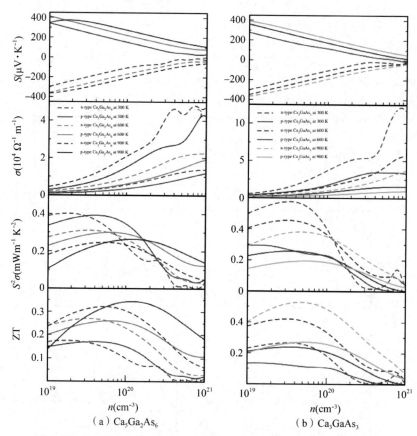

图 3-13 Ca₅Ga₂As₆ 和 Ca₃GaAs₃ 的输运性质随载流子浓度的变化情况

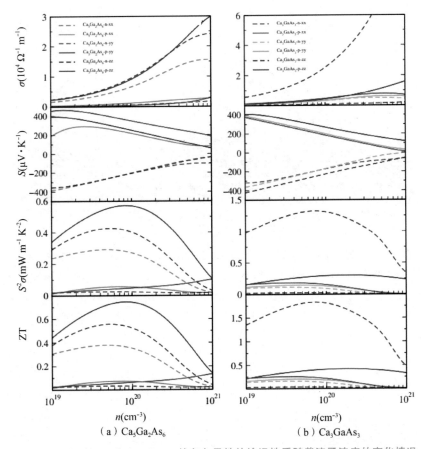

图 3-14 Ca₅Ga₂As₆ 和 Ca₃GaAs₃ 的各向异性的输运性质随载流子浓度的变化情况

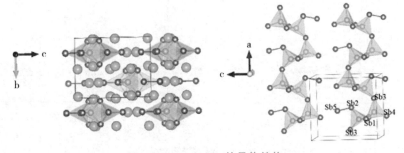

图 3-15 Sr₅Al₂Sb₆ 的晶体结构

其中,绿色大球代表 Sr 原子,蓝色小球代表 Al 原子,而棕色小球代表 Sb 原子。Sb1、Sb2、Sb3、Sb4 和 Sb5 标记的是晶格结构中不等价的 Sb 原子。

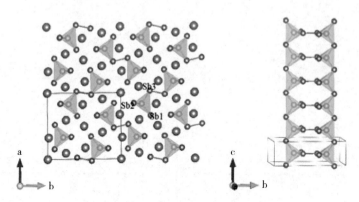

图 3-16　Ca$_5$Al$_2$Sb$_6$ 的晶体结构

其中,较大的蓝色球是 Ca 原子,较小的蓝色球是 Al 原子,较小的棕色球是 Sb 原子。Sb1、Sb2 和 Sb3 标记的是晶格结构中不等价的 Sb 原子。

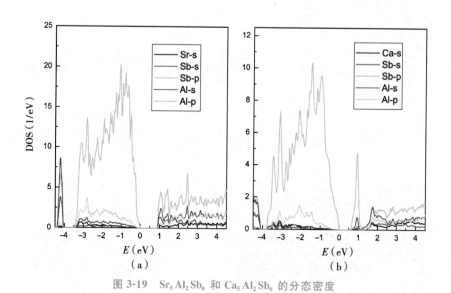

图 3-19　Sr$_5$Al$_2$Sb$_6$ 和 Ca$_5$Al$_2$Sb$_6$ 的分态密度

(价带顶设置为 0 eV)

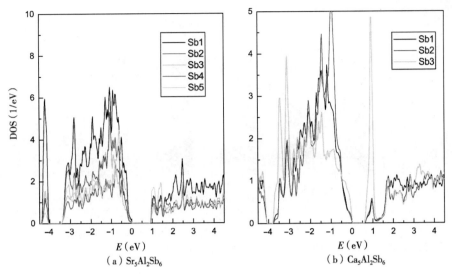

图 3-20 Sr₅Al₂Sb₆ 和 Ca₅Al₂Sb₆ 中 Sb 和 Al 的分态密度

（价带顶设置为 0 eV）

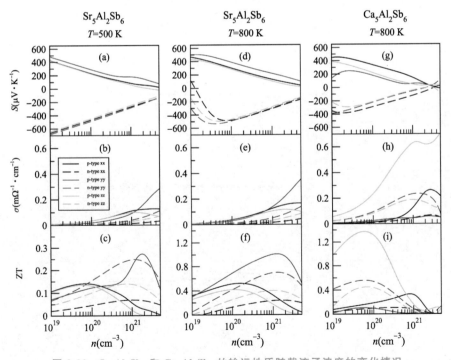

图 3-22 Sr₅Al₂Sb₆ 和 Ca₅Al₂Sb₆ 的输运性质随载流子浓度的变化情况

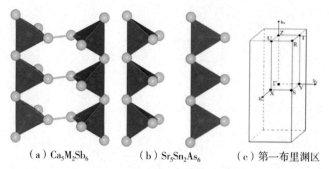

（a）Ca₅M₂Sb₆　　　　（b）Sr₅Sn₂As₆　　　　（c）第一布里渊区

图 3-23　Ca₅M₂Sb₆ 和 Sr₅Sn₂As₆ 的晶格及第一布里渊区

注：(a)中绿球代表 Sb 原子,四面体内包裹的是 M 原子；(b)中绿球代表 As 原子,四面体内包裹的是
Sn 原子；(c)Ca₅M₂Sb₆(M＝Al,Ga,In)晶胞的第一布里渊区。

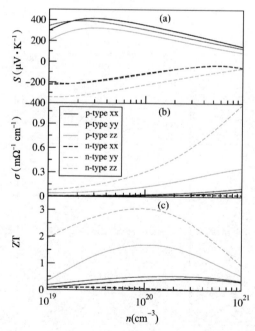

图 3-27　Sr₅Sn₂As₆ 的输运性质的各向异性随载流子浓度的变化情况（950 K）

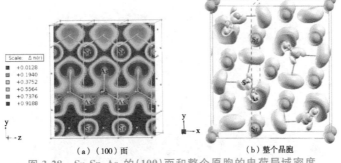

（a）（100）面　　　　　　　　　（b）整个晶胞

图 3-28　$Sr_5Sn_2As_6$ 的（100）面和整个原胞的电荷局域密度

（等能面的值为 0.78 eV）

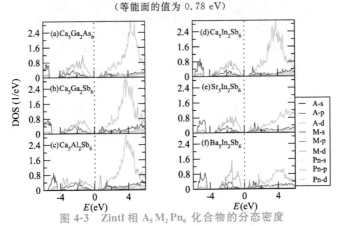

图 4-3　Zintl 相 $A_5M_2Pn_6$ 化合物的分态密度

（价带顶设置为 0 eV）

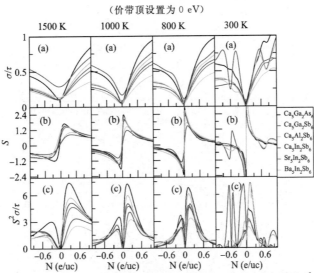

（a）σ/τ 随载流子浓度的变化；（b）塞贝克系数 S 随载流子浓度的变化；（c）功率因子 $S^2\sigma/\tau$ 随载流子浓度的变化。

图 4-4　$A_5M_2Pn_6$ 沿 z 方向的输运性质随载流子和温度的变化

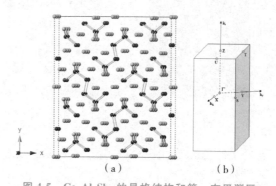

（a）　　　　　　　　　　（b）

图 4-5　Ca₅Al₂Sb₆ 的晶格结构和第一布里渊区

其中,绿球代表 Ca,红球代表 Al,黄球、篮球和粉球代表 3 个不等价的 Sb 位。

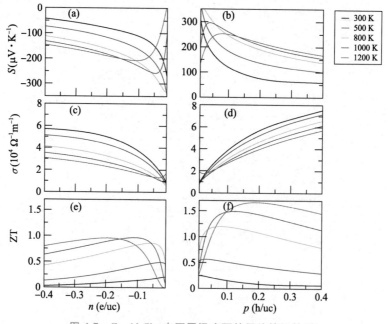

图 4-7　Ca₅Al₂Sb₆ 在不同温度下的平均输运性质

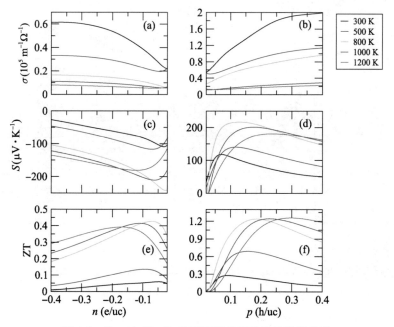

图 4-8　$Ca_{40}Al_{16}Sb_{47}Ge$ 在不同温度下的平均输运性质

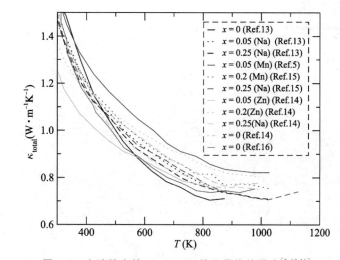

图 4-9　实验给出的 $Ca_5Al_2Sb_6$ 的总晶格热导率[5,13-16]

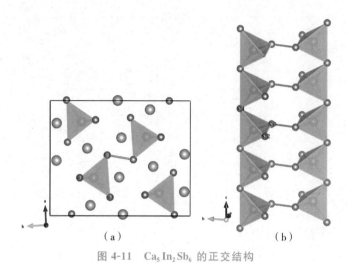

（a）   （b）

图 4-11　Ca$_5$In$_2$Sb$_6$ 的正交结构

注:空间群为 Pbam,其中绿球、蓝球和棕球分别代表 Ca、In 和 Sb。

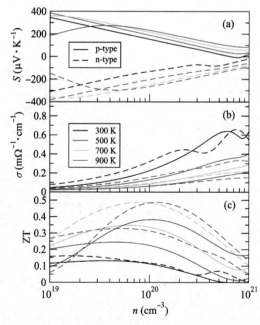

图 4-12　p 型和 n 型 Ca$_5$In$_2$Sb$_6$ 热电性能在不同温度下随载流子浓度的变化

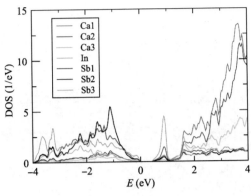

图 4-16 Ca$_5$In$_2$Sb$_6$ 的分态密度

（价带顶设置为 0 eV）

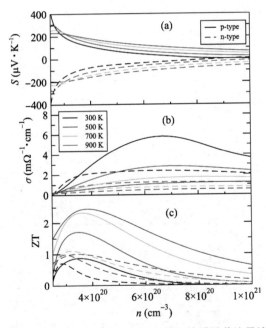

图 4-19 不同温度下 Ca$_5$In$_{1.9}$Pb$_{0.1}$Sb$_6$ 的输运性质随载流子浓度的变化

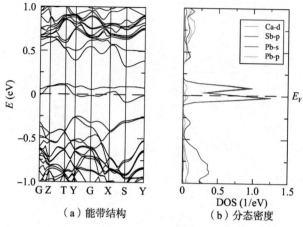

（a）能带结构　　　　　（b）分态密度

图 4-20　$Ca_5In_{1.8}Pb_{0.2}Sb_6$ 的能带结构和分态密度

（费米能级处设置为 0 eV）

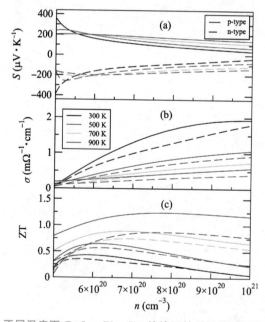

图 4-21　不同温度下 $Ca_5In_{1.8}Pb_{0.2}Sb_6$ 的输运性质随载流子浓度的变化

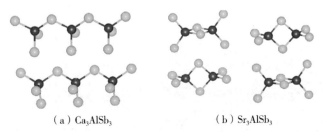

（a）Ca₃AlSb₃   （b）Sr₃AlSb₃

图 5-1   A₃AlSb₃（A＝Ca，Sr）中阴离子基团不同的排列方式

注：绿球表示 Sb 原子，蓝球表示 Al 原子。

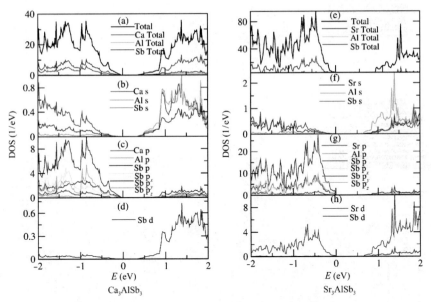

图 5-4   A₃AlSb₃（A＝Ca，Sr）的总态密度和部分态密度

（左图是 Ca₃AlSb₃ 的，右图是 Sr₃AlSb₃ 的）

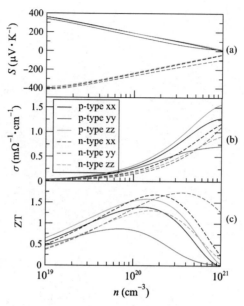

图 5-8 850 K 时，Sr_3GaSb_3 输运性质的各向异性随载流子浓度的变化

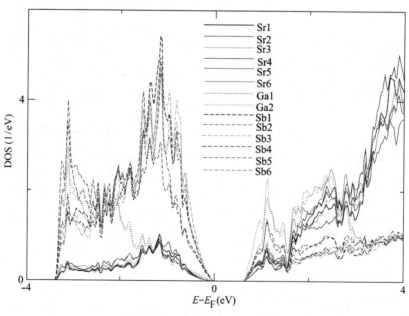

图 5-9 Sr_3GaSb_3 的分态密度

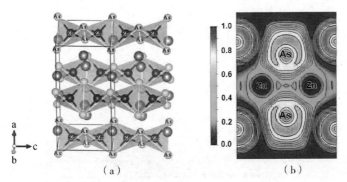

（a）   （b）

图 6-1 Ba_2ZnAs_2 的晶体结构和电子局域

注：粉红色是 Ba 原子，紫色是 Zn 原子，绿色是 As 原子。

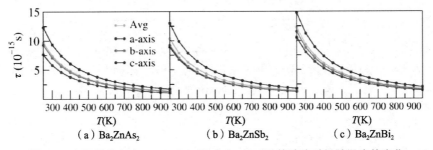

（a）Ba_2ZnAs_2 （b）Ba_2ZnSb_2 （c）Ba_2ZnBi_2

图 6-2 在不同方向上，$Ba_2ZnPn_2(Pn＝As,Sb,Bi)$ 的弛豫时间随温度的变化

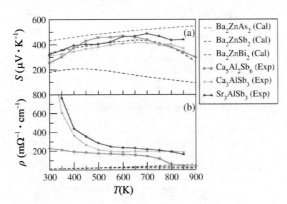

图 6-3 一些 Zintl 相化合物的理论和实验塞贝克系数与电阻率[5-7]

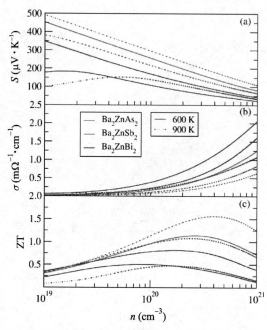

图 6-4　在温度为 600 K 和 900 K 时，Ba_2ZnPn_2（$Pn=As$、Sb、Bi）的平均输运性质
随载流子浓度的变化情况

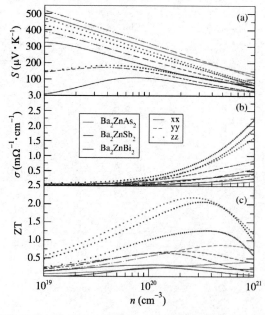

图 6-5　900 K 时，Ba_2ZnPn_2（$Pn=As$，Sb，Bi）热电性能沿 x、y、z 方向的
输运性质随载流子浓度的变化情况

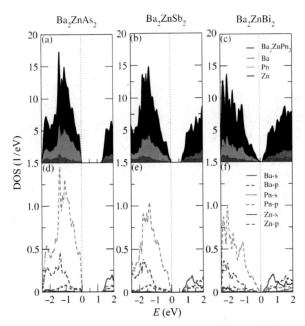

图 6-8　Ba₂ZnPn₂(Pn＝As,Sb,Bi)的总态密度和部分态密度

（价带顶设置为 0 eV）

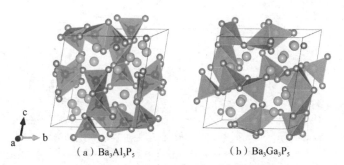

（a）Ba₃Al₃P₅　　　　　（b）Ba₃Ga₃P₅

图 6-9　Ba₃Al₃P₅ 和 Ba₃Ga₃P₅ 的晶格结构

注:绿色为 Ba,紫色为 P,蓝色为 Al,橘色为 Ga。

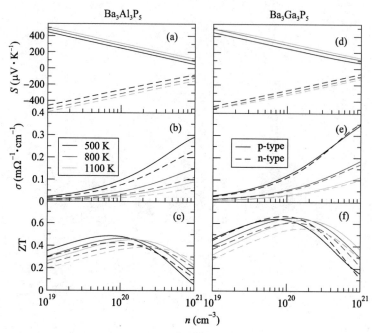

图 6-12　在不同温度下，p 型、n 型 Ba₃Al₃P₅ 及 p 型、n 型 Ba₃Ga₃P₅（右）的输运性质随载流子浓度的变化

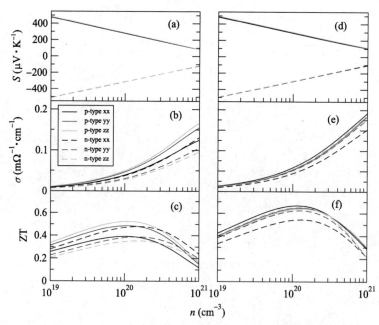

图 6-13　800 K 时，Ba₃Al₃P₅（左）及 Ba₃Ga₃P₅（右）输运性质的各向异性随载流子浓度的变化

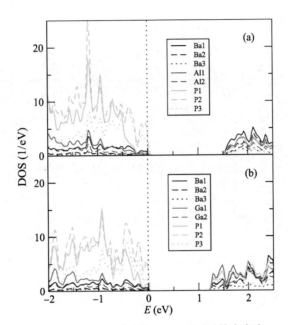

图 6-15 $Ba_3Al_3P_5$(a)及 $Ba_3Ga_3P_5$(b)的态密度

（价带顶设置为 0 eV）